Michael Hilgers

Chassis und Achsen

Michael Hilgers
Weinstadt, Deutschland

Nutzfahrzeugtechnik lernen
ISBN 978-3-658-12746-6
DOI 10.1007/978-3-658-12747-3

Die Deutsche Nationalbibliothek verzeichnet diese Publikation in der Deutschen Nationalbibliografie;
detaillierte bibliografische Daten sind im Internet über http://dnb.d-nb.de abrufbar.

Springer Vieweg
© Springer Fachmedien Wiesbaden 2016

Gedruckt auf säurefreiem und chlorfrei gebleichtem Papier.

Springer Vieweg ist Teil von Springer Nature
Die eingetragene Gesellschaft ist Springer Fachmedien Wiesbaden GmbH

Inhaltsverzeichnis

Vorwort

Für meine Kinder Paul, David und Julia,
die ebenso wie ich viel Freude an Lastwagen haben
und für meine Frau Simone Hilgers-Bach,
die viel Verständnis für uns hat.

Seit vielen Jahren arbeite ich in der Nutzfahrzeugbranche. Immer wieder höre ich sinngemäß: „Sie entwickeln Lastwagen? – Das ist ja ein Jungentraum!"

In der Tat, das ist es!

Aus dieser Begeisterung heraus, habe ich versucht, mir ein möglichst vollständiges Bild der Lkw-Technik zu machen. Ich habe im Laufe der Zeit möglichst viele technische Aspekte der Nutzfahrzeugtechnik niedergeschrieben.

Das vorliegende Heft behandelt das Rückgrat des Fahrzeuges, nämlich das Chassis und die Achsen. Die lernenden Leser (Studierende, Techniker) werden in diesem Text einen guten Einstieg finden und mögen sich durch dieses Heft angesprochen fühlen, die Nutzfahrzeugtechnik als spannendes Betätigungsfeld zu entdecken. Ich bin darüber hinaus überzeugt, dass das vorliegende Heft auch dem Technikfachmann aus benachbarten Disziplinen von Mehrwert sein wird, der über den Tellerrand schauen möchte und einen kompakten und gut verständlichen Abriss sucht.

Mein wichtigstes Ziel aber ist es, dem Leser die Faszination der Lastwagentechnik nahezubringen und beim Lesen Freude zu bereiten. In diesem Sinne wünsche ich Ihnen, lieber Leser, viel Spaß beim Lesen, Querlesen und Schmökern.

An dieser Stelle bedanke ich mich bei meinen Vorgesetzten und zahlreichen Kollegen in der Lkw-Sparte der Daimler AG, die mich bei der Realisierung dieser Serie unterstützt haben. Für wertvolle Hinweise bedanke ich mich besonders bei Herrn Lothar Noll, der den Text zur Korrektur gelesen hat. Beim Springer Verlag bedanke ich mich für die freundliche Zusammenarbeit, die zu dem vorliegenden Ergebnis geführt hat.

© Springer Fachmedien Wiesbaden 2016
M. Hilgers, *Chassis und Achsen*, Nutzfahrzeugtechnik lernen,
DOI 10.1007/978-3-658-12747-3_1

Zu guter Letzt noch eine Bitte in eigener Sache. Es ist mein Wunsch, diesen Text kontinuierlich weiterzuentwickeln. Dazu ist mir Ihre Hilfe, lieber Leser, hochwillkommen. Fachliche Anmerkungen und Verbesserungsvorschläge bitte ich an folgende E-Mail-Adresse zu senden: hilgers.michael@web.de. Je konkreter Ihre Bemerkungen sind, umso leichter werde ich sie nachvollziehen und gegebenenfalls in zukünftige Auflagen integrieren können. Sollten Sie inhaltliche Ungereimtheiten oder gar Fehler entdecken, so bitte ich Sie, mir diese auf dem gleichen Wege mitzuteilen.

Viel Spaß und Verstehen wünscht Ihnen

August 2015
Weinstadt-Beutelsbach
Stuttgart-Untertürkheim
Aachen
Michael Hilgers

Chassis / Rahmen

2

Das Chassis[1] stellt die Grundstruktur des Fahrzeugs dar. Im engeren Sinne ist das Chassis nur die Tragstruktur des Fahrzeugs. In der Kfz-Technik ist aber mit Chassis häufig der Rahmen (Tragstruktur) mit Fahrwerk und Lenkung und den direkt am Rahmen befestigten Anbauteilen gemeint.

Rahmen

Der Rahmen ist quasi das Rückgrat des Fahrzeugs. Das Gros der heutigen Lastkraftwagen wird mit einem sogenannten Leiterrahmen als tragendem Element aufgebaut. Der Leiterrahmen besteht aus zwei Längsträgern und mehreren Querträgern; daher auch der Name „Leiterrahmen": Zwei lange Tragelemente, die durch einige Sprossen verbunden sind, sehen im weitesten Sinne aus wie eine Leiter[2].

Die Längsträger sind sogenannte U-Träger, die im Profil eine U-Form zeigen – Abb. 2.1. Die Stahldicke der U-Träger wird je nach Einsatzfall und zulässigem Gesamtgewicht des Fahrzeugs festgelegt. Unterschiedliche Materialdicken der Rahmenlängsträger finden Verwendung, um unterschiedlichen Einsatzprofilen der Fahrzeuge gerecht zu werden. Die Auslegung eines eher straßenorientierten Nutzfahrzeugs erfordert zur Verbesserung des Fahrverhaltens eine steifere Auslegung des Leiterrahmens, während geländegängige beziehungsweise baustellenorientierte Fahrzeuge eine eher weichere Rahmenauslegung verlangen. Bei größeren Bodenunebenheiten verwindet der weiche Rahmen stärker und ermöglicht so eine bessere Traktion. Bei mittelschweren Lkws (7 t bis 15 t) werden U-Träger mit einer Dicke zwischen 4,5 und 6 mm eingesetzt. Schwere Lkws haben eine Dicke des U-Trägers zwischen 6 und 9 mm. Die Steghöhe der U-Träger liegt bei den gängigen Lkws im Bereich zwischen 200 und 300 mm.

---

[1] Chassis kommt aus dem Französischen und bedeutet Rahmen, Träger, Gestell.
[2] Eine eher exotische Lösung ist der sogenannte Zentralrohrrahmen, der bei einem speziellen Hersteller für Lastkraftwagen zum Einsatz kommt und besonders gute Geländegängigkeit ermöglichen soll.

© Springer Fachmedien Wiesbaden 2016
M. Hilgers, *Chassis und Achsen*, Nutzfahrzeugtechnik lernen,
DOI 10.1007/978-3-658-12747-3_2

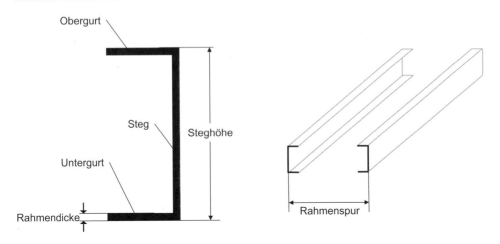

Abb. 2.1 U-Träger und Rahmenspur

Der Lkw-Rahmen ist ein überaus variantenreiches Gebilde: In der Rahmengeometrie finden viele Eigenschaften des Fahrzeuges Niederschlag, so zum Beispiel die Gesamtlänge des Fahrzeugs und der hintere Überhang. Rahmen für lange Fahrzeuge haben zusätzliche Querträger. Form und Anordnung der Querträger berücksichtigen gegebenenfalls, welche Anbauteile (Tanks, Abgasbox) an welcher Stelle vom Rahmen zu tragen sind. Rahmen für stark belastete Fahrzeuge weisen verschiedene Verstärkungen auf; die Längsträger werden beispielsweise durch eingelegte Bleche oder eingelegte U-Träger verstärkt. Der Schlussquerträger muss eventuell verstärkt sein, wenn er das Koppelmaul einer Anhängerkupplung tragen soll. Diese und viele weitere Erwägungen lassen die Varianz des Rahmens geradezu explodieren.

Abb. 2.2 zeigt den Leiterrahmen einer Sattelzugmaschine. Das Foto in Abb. 2.2 a) zeigt als Teilstruktur die Längsträger mit zwei Querträgern. Die CAD-Daten[3] in Abb. 2.2b zeigen den gesamten Rahmen der Sattelzugmaschine. Die Abb. 2.2b wird im Folgenden näher erläutert: Das Rahmenende schließt der sogenannte Schlussquerträger ab. Zwischen den Längsträgern werden verschiedene Querträgergeometrien verwendet. Von hinten nach vorne sind zu sehen: ein Rohrquerträger, ein U-Querträger und ein sogenannter Sichelquerträger, der sich nach unten ausbaucht, um unter dem Getriebe durchlaufen zu können.

Der Abstand der beiden Längsträger zueinander definiert die sogenannte Rahmenspur. Diese ist bestimmend für die Achsanbindung und für das gesamt Packaging aller innerhalb und außerhalb der Rahmenlängsträger angeordneten Bauteile.

Die Abschrägungen am Rahmenende in Abb. 2.2 sind typisch für die Sattelzugmaschine: Sie schaffen Freiraum, wenn der Auflieger und die Zugmaschine auf Rampen gegeneinander gekippt werden. Die Winkel an den Rahmenlängsträgern verstärken den

---

[3] CAD = (Englisch) computer-aided design bedeutet auf Deutsch rechnerunterstütztes Konstruieren. Die Geometrie der Bauteile wird im Rechner festgelegt und visualisiert.

a

b

Abb. 2.2 Grundstruktur eines Rahmens für eine 4x2 Fernverkehrs-Sattelzugmaschine (Mercedes-Benz Actros), **a** als Foto **b** als CAD-Daten. Bilder: Daimler AG

Rahmen im Bereich der Sattelkupplung und bieten Anschraubpunkte für eben diese Sattelkupplung. Im Bereich der Hinterachse muss die Rahmenspur eher eng sein, um neben dem Rahmen noch genügend Platz für die Federung und die Zwillingsbereifung zu bieten. Der Platzbedarf der Reifen wird so bemessen, dass verschiedene Reifenformate verwendet werden können und noch genügend Freiraum besteht, um Schneeketten aufzuziehen. Im vorderen Bereich sind die Längsträger bei einigen Rahmenkonzepten nach außen gebogen, der Rahmen weitet sich, um Platz für den Motor und den Kühler zu bieten. Das

Abb. 2.3 Verbindung des Fahrzeugrahmens (unten) mit dem Hilfsrahmen eines Kipperaufbaus. Der hier gezeigte Fahrzeugrahmen hat kein einheitliches Lochbild, sondern Löcher nur dort, wo sie erforderlich sind. Foto: Michael Hilgers

vordere Rahmenende schließt der vordere Rahmenquerträger ab. Darunter liegt der Frontunterfahrschutz. In Europa muss der Frontunterfahrschutz den Bedingungen einer europäischen Regelung entsprechen [1].

Der in Abb. 2.2 dargestellte Rahmen weist über den gesamten Längsträger ein einheitliches Lochbild auf, das es erlaubt, weitere Rahmenteile und Anbauteile innerhalb des Lochrasters flexibel anzuschrauben. Andere Konzepte sehen vor, dass nur an den Stellen Löcher in den Rahmen eingebracht werden, an denen Anbauteile befestigt werden sollen. Das Lochbild der Rahmenlängsträger ist dann fahrzeugindividuell.

Bei verschiedenen Aufbauten wird auf den eigentlichen Fahrzeugrahmen ein zweiter Rahmen, der sogenannte Hilfsrahmen, aufgesetzt. Dieser dient dazu, die Gesamtsteifigkeit des Fahrzeugs zu erhöhen. Abb. 2.3 zeigt anhand eines Kipperfahrzeugs, wie zwei Rahmen aufeinander geschraubt sind. Der in diesem Bild gezeigte Rahmen hat im Gegensatz zu dem Rahmen aus Abb. 2.2 kein einheitliches Lochbild. Hier werden Löcher nur dort in den Rahmen gebracht, wo ein Loch erforderlich ist, um Rahmenteile zu verbinden oder Anbauteile am Rahmen zu befestigen. Beide Konzepte sind anzutreffen: Rahmen mit Standardlochbild und Rahmen mit fahrzeugspezifischer Lochung.

2.1   Achsformeln

Das Fahrzeug wird von zwei oder mehr Achsen getragen. Die Achsformel beschreibt, wie viele Achsen das Fahrzeug hat und welche Aufgaben die Achsen erfüllen. Die erste Ziffer der Achsformel gibt an, wie viele Räder oder Zwillingsräder das Fahrzeug hat. Die zweite Zahl gibt an, wie viele der Räder angetrieben sind. Nach einem Schrägstrich folgt die Angabe der gelenkten Räder.

Ein Fahrzeug der Radformel

$$8x4/4 \tag{2.1}$$

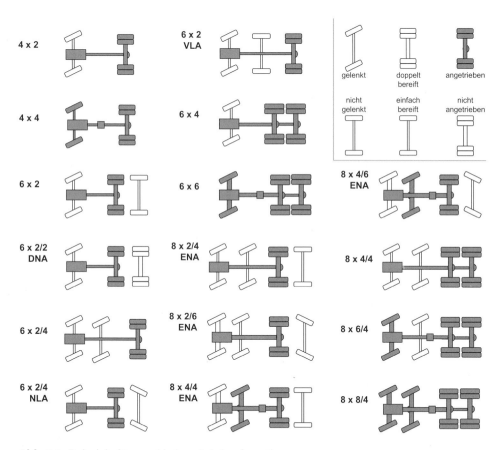

Abb. 2.4 Beispiele für verschiedene Achskonfigurationen

verfügt über 8 Räder oder Zwillingsräder, also vier Achsen. Davon sind zwei Achsen angetrieben und zwei Achsen gelenkt.

Buchstabenkombinationen geben zusätzliche Informationen:

- NLA beschreibt eine Nachlaufachse, die gelenkt oder ungelenkt sein kann.
- DNA steht für eine doppelt bereifte Nachlaufachse.
- ENA ist eine einzelbereifte Nachlaufachse, die gelenkt oder ungelenkt sein kann.
- VLA ist die Vorlaufachse.

Beispiele für verschiedene Achsformeln zeigt Abb. 2.4.

2.2 Fahrzeuglayout

Der Rahmen trägt den Antriebsstrang, das Fahrerhaus und den Aufbau. Des Weiteren werden am Rahmen zahlreiche Rahmenanbauteile wie Dieseltank, AdBlue-Tank, Batteriekasten, Kotflügel und zahlreiche Komponenten des Pneumatiksystems sowie der Bremse angeordnet. Außerdem müssen die Achsen mit Fahrwerkskomponenten am Rahmen angeschlagen werden. Die räumliche Anordnung dieser Komponenten bildet das sogenannte Fahrzeuglayout.

Aufgrund der großen Varianz verschiedener Fahrzeugkonfigurationen mit unterschiedlichen Radständen, unterschiedlichen Überhängen und sehr unterschiedlichen Ausstattungsvarianten der verschiedenen Lastkraftwagen gibt es eine Vielzahl von verschiedenen Fahrzeuglayouts einer Baureihe. Bei einigen Baumustern ist die räumliche Anordnung der Komponenten und Baugruppen besonders schwierig, da der Platz am Rahmen beschränkt ist. Hier sind insbesondere Fernverkehrsfahrzeuge mit kurzem Radstand und großem Bedarf an Tankvolumen zu nennen. Abb. 2.5 zeigt das Layout eines leichten Lastkraftwagens mit vergleichsweise großzügigen Platzverhältnissen am Rahmen.

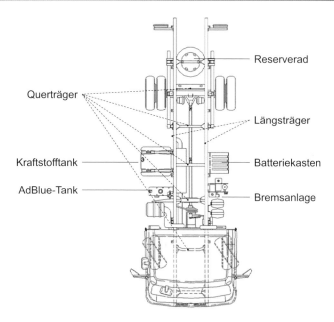

Abb. 2.5 Beispiel für das Rahmenlayout am Beispiel eines leichten Lastkraftwagens. Darstellung nach einer Broschüre von Nissan [7]

Federung

3

Für das Ladegut besteht die Federung aus den Reifen und der Federung der Achsen. Die Gesamtfederung für den Fahrer weist (der Fahrer weiß das zu schätzen) mit Fahrerhauslagerung und Schwingsitz zusätzliche Federelemente auf.

Zwei verschiedene Grundprinzipien der Achsfederung kommen zum Einsatz: Blattfederung und Luftfederung. Die Blattfederung wird häufig auch Stahlfederung genannt, da die Blattfedern in der Regel aus Stahl bestehen. Auch im Anhänger und für Auflieger werden sowohl Luftfedersysteme als auch Blattfedern angeboten.

Im Transportersegment und bei Spezial-Lkw (Unimog) findet man als weitere Federungsart noch die Schraubenfeder.

3.1 Blattfederung

Die Blattfederung besteht in der Regel aus Stahlfedern, die zwischen Achskörper und Fahrzeugrahmen angebracht sind. Die Stahlfederung ist günstig und robust. Die Federung besteht häufig aus mehreren Blattfedern übereinander – man spricht von der Mehrblattfeder oder von „Federpaketen". Bei leichten Fahrzeugen aber auch bei schwereren Fahrzeugen an der weniger belasteten Vorderachse werden auch Einblattfederungen eingesetzt. Man spart damit gegenüber einer Mehrblattfederung Gewicht. Aus Gewichtsgründen werden auch Blattfedern aus anderen Materialien wie Stahl eingesetzt, beispielsweise GfK-Federn[1], da diese bedeutend leichter als Stahlfedern sind. Allerdings sind damit erhöhte Kosten verbunden.

---

[1] GfK = Glasfaser verstärkter Kunststoff.

© Springer Fachmedien Wiesbaden 2016
M. Hilgers, *Chassis und Achsen*, Nutzfahrzeugtechnik lernen,
DOI 10.1007/978-3-658-12747-3_3

Abb. 3.1 Blattfeder der doppelbereiften Hinterachse eines Medium-Duty-Lastkraftwagens. Foto: Daimler AG

Abb. 3.1 zeigt die Blattfederung einer Hinterachse für einen Verteiler-Lkw. Zwei übereinander liegende Blattfedern übernehmen hier die Federfunktion. Bei leichter Beladung ist nur die obere Blattfeder aktiv. Ist das Fahrzeug beladen, so wird die obere Blattfeder auf die untere Blattfeder gedrückt und beide Federn tragen zur Federung bei.

Technisch hat die Blattfederung gegenüber der Luftfederung den Vorteil, dass sie auch zur Führung der Achse beiträgt. Des Weiteren ermöglicht die Blattfeder im schweren Baustellensegment deutlich mehr Einfederung, so dass das stahlgefederte Fahrzeug in schwierigem Gelände eine bessere Traktion als das luftgefederte Fahrzeug hat. Nachteilig an der Stahlfederung ist, dass das Fahrzeugniveau und damit der verfügbare Federweg sinkt, wenn das Fahrzeug beladen ist. Auch lässt sich mit der Stahlfederung keine Niveauregulierung darstellen.

Achstandem

Beim Achstandem kann ein Federpaket die Federfunktion für beide Achsen übernehmen. Abb. 3.2 zeigt ein blattgefedertes Hinterachs-Tandem für einen schweren Lastkraftwagen. Im Vergleich der Abb. 3.1 und 3.2 ist zu erkennen, dass die Abmessungen der Blattfedern das zulässige Fahrzeuggewicht abbilden: Schwere Lastkraftwagen benötigen massive Stahlfedern als mittelschwere Lkw.

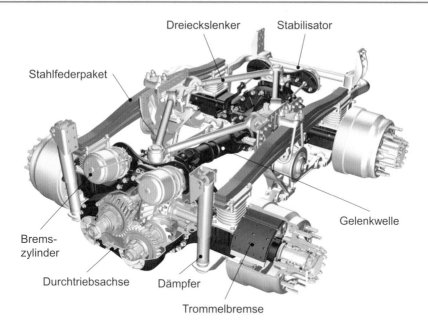

Abb. 3.2 Aufhängung eines Achstandems mit Stahlfederung und Trommelbremse. Darstellung: Volvo Trucks

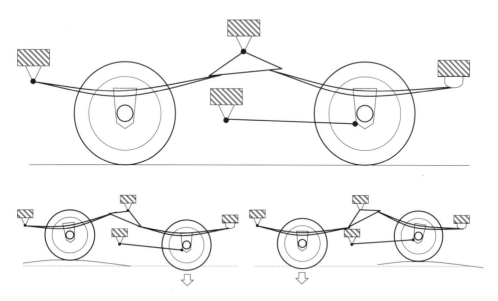

Abb. 3.3 Skizze einer konstruktiven Lösung für ein Achstandem mit Achslastausgleich. Die kleineren Skizzen in der unteren Bildhälfte illustrieren, wie die Achslast von der stark belasteten Achse auf die weniger stark belastete Achse verlagert wird

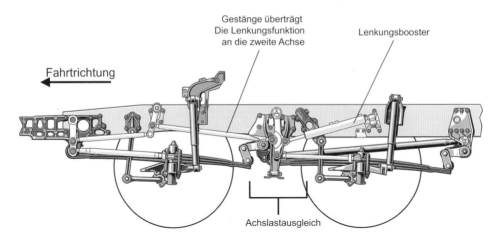

Abb. 3.4 Zeichnung der Vorderachs-Lastausgleichs des Mercedes-Benz Actros/Arocs. Die Lenkbewegung wird über ein Gestänge von der ersten auf die zweite Achse übertragen. Darstellung: Daimler AG

Die Abb. 3.3 zeigt eine konstruktive Lösung, bei der beide Achsen eines Hinterachstandems über eine eigene Stahlfeder verfügen. Die beiden Stahlfedern sind über ein bewegliches Zwischenstück gekoppelt, so dass sie sich aufeinander abstützen. Auf diese Weise wird ein Achslastausgleich realisiert: Federt eine der Achsen stark ein, so wird über das bewegliche Zwischenstück, das eine Wippbewegung ausführt, die andere Achse Richtung Boden gedrückt. Die nicht eingefederte Achse entlastet so die stark belastete eingefederte Achse.

Auch für zwei Vorderachsen werden Achslastausgleiche verwendet. Abb. 3.4 zeigt einen Vorderachs-Lastausgleich für Fahrzeuge mit zwei gelenkten Vorderachsen.

3.2 Luftfederung

Bei der Luftfederung erfolgt die Federung über Luftbälge, die das verbindende Element zwischen Achse und Fahrzeugrahmen darstellen und das Fahrzeuggewicht tragen. Die Luftbälge sind mit Druckluft gefüllt.

Mit der Luftfeder kann ein höherer Federungskomfort erreicht werden. Des Weiteren hat die Luftfederung den Vorteil, dass der Federungskomfort und die Federhöhe unabhängig vom Beladungszustand ist. Damit verbunden ist auch, dass luftgefederte Fahrzeuge (da sie immer in der gleichen Höhenlage stehen) auf die Leuchtweitenregulierung der Scheinwerfer verzichten können.

Abb. 3.5 Luftbalg der Vorderachse eines Mercedes-Benz Actros (Actros 3). Foto: Daimler AG

An der Hinterachse findet man Luftbalgkonzepte mit je einem Balg pro Seite (zwei Bälge pro Achse) und Konzepte mit zwei Bälgen auf jeder Seite (vier Bälge pro Achse). Man spricht von Zweibalgluftfeder und Vierbalgluftfeder. Die luftgefederte Vorderachse ist mit einem Luftbalg auf jeder Seite ausgestattet. Abb. 3.5 zeigt den Luftbalg an der Vorderachse eines schweren Fernverkehrslastkraftwagens. Abb. 3.6 zeigt eine luftgefederte Hinterachse mit vier Bälgen.

Luftbälge der Luftfederung können nur Kräfte in z-Richtung (senkrechte Richtung) übertragen. Die Führung der Achse in x- und y-Richtung muss durch zusätzliche Bauteile (die sogenannten „Lenker") erfolgen.

Neben dem Komfort ist die wichtigste und hilfreichste Funktion der Luftfederung die Niveauregelung.

Abb. 3.6 Luftfederung mit vier Bälgen für die Hinterachse des Mercedes-Benz Actros ab 2011
(Actros 4). Foto: Daimler AG

3.3 Niveauregelung

Die Niveauregelung ist ein mechatronisches System bei luftgefederten Fahrzeugen. Ihre
Grundfunktionalität besteht darin, die Höhe des Fahrzeugrahmens und damit der Lade-
fläche oder die Höhe der Sattelkupplung bezogen auf die Fahrbahn in gewissen Grenzen
verändern zu können. Im sogenannten Fahrniveau befindet sich der Fahrzeugrahmen in
der Grundposition, die für den Fahrbetrieb des Fahrzeugs vorgesehen ist. Die Luftbälge
der Luftfederung können mit zusätzlicher Luft befüllt werden, um den Fahrzeugrahmen
anzuheben, oder aber die Luft wird aus den Bälgen abgelassen, um den Fahrzeugrahmen
abzusenken.

Diese Funktionalität der Niveauregelung ist insbesondere wichtig für Fahrzeuge, die
Wechselbehälter aufnehmen wollen. Um mit dem Rahmen unter den Behälter zu fahren,
wird das Fahrzeug abgesenkt. Nachdem der Fahrzeugrahmen unter den aufzunehmen-
den Behälter rangiert wurde, wird das Fahrzeug (mit dem darüberstehenden Behälter)
angehoben, so dass man die Stützen des Wechselbehälters wegklappen kann. Auch bei
Sattelzügen ist die Niveauregelung sehr hilfreich beim Auf- und Absatteln. Beim Sattelzug
ist es aber ausreichend, wenn die Hinterachse(n) des Sattelzugs über eine Niveauregelung

verfügen. Daher sind die meisten Sattelzugmaschinen teilluftgefedert: das heißt, dass die Hinterachse luftgefedert ist und damit die Funktion Niveauregelung aufweist, während an der Vorderachse eine Stahlfeder zum Einsatz kommt. Die Bedienung der Niveauregelung kann je nach Fahrzeughersteller und Fahrzeugausstattung über einen Schalter am Fahrerplatz, die Lenkradtasten des Multifunktionslenkrads oder über ein separates Bediengerät erfolgen.

Technische Grundlage der Niveauregelung ist zunächst einmal die Luftfederung mit ihren Luftbälgen. Verschiedene Magnetventile erlauben es, Luft in die Luftbälge strömen zu lassen oder entweichen zu lassen. Des Weiteren sind Sensoren erforderlich, die die Höhe des Rahmens über dem Achskörper messen. Drucksensoren ermitteln den Luftdruck in den Bälgen. Die Informationen der Sensoren, der Bedieneinheit, die den Fahrerwunsch aufnimmt, und weitere Fahrzeugdaten (zum Beispiel Geschwindigkeit) werden in einem Steuergerät verarbeitet, welches die Niveauregelung ansteuert.

3.3.1 Wankregelung

Im Lkw kommt seit einigen Jahren eine sogenannte passive Wankregelung zum Einsatz [3]. Diese verändert blitzschnell die Dämpferkennlinie der Zug- und der Druckstufe der Dämpfer und reduziert somit das Wanken des Fahrzeugs. Aktive Wankregelungen, wie sie aus dem Pkw bekannt sind, verändern aktiv die Fahrzeugbewegung (Drehbewegung um die x- und die y-Achse) und reduzieren so Wank- und Nickbewegungen. Bei den großen Massen eines Lastkraftwagens ist für eine hinreichend schnelle **aktive** Regelung die erforderliche Leistung nicht verfügbar.

Lenkung

4

Die Lenkung hat die Aufgabe, eine vom Fahrer gewünschte Richtungsänderung zu ermöglichen. Die Vorschriften, die eine Lenkanlage für Nutzfahrzeuge (und auch die Lenkung für andere Straßenfahrzeuge) erfüllen muss, ist die ECE-R 79 [2].

4.1 Verschiedene Lenkungsarten

Mehrachsige Fuhrwerke und Kutschen werden und wurden mit der sogenannten Drehschemel-Lenkung (oder Schwenkachslenkung) gebaut. Bei dieser Lenkung dreht sich eine Starrachse unter dem Fahrzeug hindurch. Die Drehschemel-Lenkung hat einen hohen Platzbedarf und das Fahrzeug ist bei großem Lenkeinschlag kippempfindlich. Des Weiteren haben Störkräfte, die an nur einem der beiden Räder der Lenkachse angreifen (Schlagloch), einen langen Hebelarm, der der halben Spurweite der Achse entspricht. Anhänger für Gliederzüge weisen häufig eine Drehschemel-Lenkung auf.

Einfacher als die Drehschemellenkung ist das Dreirad. Das erste Automobil war als Dreirad aufgebaut [4]. Ein einzelnes gelenktes Rad dient der Richtungswahl. Heute werden in verschiedenen Ländern in Südeuropa und Asien noch wendige, leichte und preisgünstige Kleinsttransporter verwendet, die als Dreirad aufgebaut sind. Das Dreirad ist relativ instabil und eignet sich nur für Fahrzeuge mit geringem Gesamtgewicht und niedrigem Geschwindigkeitsniveau.

Die Panzerlenkung (oder Radseitenlenkung) wird – wie der Name schon sagt – bei Panzern, anderen Kettenfahrzeugen und Baugeräten verwendet. Bei dieser Lenkung werden die Räder oder Ketten auf den beiden Seiten des Fahrzeuges unterschiedlich stark beschleunigt oder gebremst. Da die Lenkung durch Antrieb und/oder Bremsungen hervorgerufen wird, wird auch von Antriebs- oder Bremslenkung gesprochen. Durch die unterschiedlichen Raddrehzahlen oder Kettengeschwindigkeiten entsteht ein Moment um die Hochachse und das Fahrzeug dreht sich. ESP Eingriffe arbeiten nach dem gleichen Prinzip. Vorteil der Radseitenlenkung ist, dass die Fahrwerksteile sich nicht gegeneinander

© Springer Fachmedien Wiesbaden 2016
M. Hilgers, *Chassis und Achsen*, Nutzfahrzeugtechnik lernen,
DOI 10.1007/978-3-658-12747-3_4

drehen und extreme Wendigkeit möglich ist. Die Radseitenlenkung verursacht allerdings hohe Belastungen an Fahrzeug und Untergrund und zeigt deutliche Schwächen beim Komfort.

Eine weitere im Fahrzeugbau verbreitete Lenkungsart ist die Knicklenkung. Das Fahrzeug weist zwei Fahrzeugteile auf – beide mit Achsen –, die durch ein Knickgelenk verbunden sind. Knickt das Fahrzeug im Gelenk, so werden die Achsen gegeneinander gedreht und die Kurvenfahrt wird provoziert. Das Knicken wird durch Hydraulikkraft erzwungen. Knicklenker eignen sich für Baufahrzeuge wie zum Beispiel größere Radlader oder Baustellenkipper ohne Straßenbetrieb. Eine ausführliche Erläuterung der Knicklenkung und die spezifischen Vor- und Nachteile liefert [5]. Die Knicklenkung eignet sich aber weniger gut für hohe Geschwindigkeiten und den Betrieb mit Anhängern.

Die Lenkung der Wahl bei anspruchsvollen Fahrzeugen, die auf der Straße unterwegs sind, ist die Achsschenkellenkung – siehe Abschn. 4.4. Bei Personenwagen, Lastkraftwagen und Omnibussen hat sich die Achsschenkellenkung an der Vorderachse durchgesetzt[1]. Sie lässt sich platzsparend realisieren und ermöglicht hohen Komfort bei gleichzeitig hoher Sicherheit. Das Fahrzeug steht auch bei großem Lenkeinschlag unverändert stabil (anders als bei Knicklenkung und Drehschemellenkung). Einseitig angreifende Kräfte finden nur einen geringen Störkrafthebelarm. Auch Wartung und Zuverlässigkeit der Achsschemellenkung erfüllen die Erwartungen an ein modernes Nutzfahrzeug.

Um einen geringeren Wendekreis zu ermöglichen, werden bei Fahrzeugen mit drei oder vier Achsen mehrere Achsen gelenkt.

4.2   Radaufhängung an der Lenkachse

Zum Verständnis der Kinematik an der Vorderachse und der Lenkung sind verschiedene Begriffe erforderlich. Diese Begriffe und ihr Einfluss auf das Fahrverhalten werden im Folgenden erklärt.

Die Vorspur beschreibt, dass die Vorderräder in Geradeausstellung nicht exakt parallel stehen, sondern bei positiver Vorspur vorne leicht nach innen aufeinander zu laufen. Der Wert der Vorspur wird entweder über den Vorspurwinkel angegeben oder als Differenz des Abstands der Vorderräder vorne und hinten (gemessen am Felgenhorn). Ist der Abstand an der Radvorderseite kleiner als an der Radhinterseite, ist die Vorspur positiv. Ist der Abstand der Räder bei Geradeausfahrt hinten geringer als vorne, ist die Vorspur negativ. Man findet dafür auch den Begriff Nachspur. Abb. 4.1 veranschaulicht die Vorspur.

---

[1] Für Gabelstapler, Radlader etc. ist die Lenkung an der Hinterachse häufig erste Wahl, da man mit diesem Konzept leichter das Arbeitsgerät vorne – wie zum Beispiel Stapelgabel oder Schaufel – in Position bringen kann. Für Straßenfahrzeuge ist die reine Hinterachslenkung nach ECE-R 79 [2] explizit verboten.

Abb. 4.1 Vorspur und Vorspurwinkel

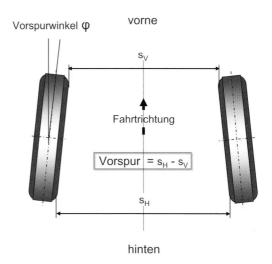

Durch eine positive Vorspur werden die Räder mit der Vorspurkraft nach innen gedrückt. Das reduziert die Flatterneigung der Vorderräder und verbessert (in Kombination mit anderen Maßnahmen) den Geradeauslauf des Fahrzeugs.

Der Sturz ist der Neigungswinkel der Räder gegen die Senkrechte. Die Räder stehen nicht exakt aufrecht, sondern lehnen sich nach außen oder innen. „Kippt", das Rad oben nach außen (wie in Abb. 4.2), spricht man von positivem Sturz. Bei negativem Sturz kippt das Rad nach innen. Der Sturz kann verwendet werden, um die Seitenführung der Reifen zu beeinflussen.

Die Rotationsebene der gelenkten Räder der Achsschenkellenkung dreht sich während der Lenkbewegung um den Achsschenkelbolzen. Dieser ist im Raum geneigt. Die Größen **Spreizung** und **Nachlaufwinkel** beschreiben die Neigung des Achsschenkelbolzen im Raum. Die Spreizung beschreibt, um welchen Winkel der Achsschenkelbolzen gegenüber der Senkrechten zur Fahrzeuglängsachse hin geneigt ist. Durch die Spreizung wird das Fahrzeug beim Lenken minimal angehoben. Dadurch wirkt das Fahrzeuggewicht dem Lenkeinschlag entgegen und erzeugt ein Rückstellmoment der Lenkung, das die Räder wieder in Geradeausstellung zu bringen trachtet. Auch der Nachlauf erzeugt eine rückstellende Kraft an der Lenkung. Der Nachlaufwinkel beschreibt, um welchen Winkel der Achsschenkelbolzen aus der Lotrechten nach vorne oder hinten geneigt ist. Durch den Nachlaufwinkel wird ein Abstand zwischen dem Radaufstandspunkt und dem Schnittpunkt der Drehachse (des Achsschenkelbolzens) mit der Fahrbahn erzeugt, der sogenannte Nachlauf. Spreizung und Nachlauf sind in Abb. 4.2 gezeichnet. Bei positivem Nachlauf und eingeschlagenen Rädern ensteht durch die Seitenführungskraft, die im Aufstandspunkt des Reifens angreift, ein Moment um die Achse des Achsschenkelbolzens, welches dem Lenkeinschlag entgegenwirkt. Der Nachlauf ist der Hebelarm, mit dem eine Kraft quer zur Rollrichtung des Reifens der Lenkung eine Drehbewegung aufzuprägen sucht. Besonders anschaulich zu erfahren ist der Effekt des Nachlaufs bei Einkaufswagen im Su-

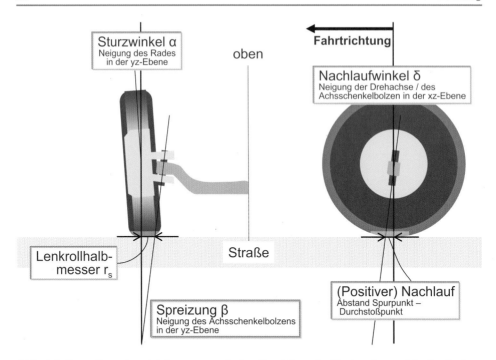

Abb. 4.2 Darstellung der wichtigen geometrischen Begriffe an der Vorderachse und der Lenkachse, Spreizung, Sturz, Lenkrollhalbmesser und Nachlauf. Die Begriffe werden im Text erläutert

permarkt: Die Rollen des Einkaufswagens sind so aufgehängt, dass ein großer Nachlauf zwischen der Drehachse und dem Radaufstandspunkt entsteht. Die Rückstellkräfte sorgen dafür, dass die Rollen sich selbsttätig in Geradeausstellung ausrichten.

Ändert sich der Reibwert zwischen Straße und Reifen, so ändert sich auch das Rückstellmoment der Lenkung. Die Lenkkraft, die erforderlich ist, ändert sich. In [6] wird versucht diesen Zusammenhang zu nutzen, um während der Fahrt Rückschlüsse auf den Reibwert der Fahrbahn zu ziehen.

Der **Lenkrollhalbmesser** beschreibt den Abstand quer zur Fahrtrichtung (in y-Richtung) zwischen dem Radaufstandspunkt und dem Raddrehpunkt. Der Sturz, die Lage des Achsschenkelbolzens samt Spreizung sowie die Einpresstiefe der Felge bestimmen den Lenkrollhalbmesser. Ist der Drehpunkt der Lenkung (Verlängerung Achsschenkelbolzen) weiter innen als der Aufstandspunkt des Reifens – wie in Abb. 4.2 –, so spricht man von einem positiven Lenkrollhalbmesser. Ist der Drehpunkt weiter außen, so handelt es sich folgerichtig um einen negativen Lenkrollhalbmesser. Der Lenkrollhalbmesser ist der Hebelarm, mit dem eine Längskraft am Reifen (Bremskraft) eine Drehbewegung in die Lenkung einbringt.

Die vorgestellten Größen müssen bei der Auslegung der Vorderachse und der Lenkung gemeinsam auf das gewünschte Fahrzeugverhalten hin optimiert werden. Tab. 4.1

Tab. 4.1 Einfluss auf die Fahrzeugeigenschaften durch verschiedene geometrische Stellgrößen an den Vorderrädern

	Vorspur	Spreizung	Sturz	Lenkroll-halbmesser	Nachlauf
Stabilisierung Geradeauslauf	X		X	X	X
Flatterneigung	X				
Lenkungsrücklauf		X		X	X
Räderverschleiß	X		X	X	

zeigt, welche Größen verschiedene Eigenschaften des Fahrzeugs besonders beeinflussen. Das Verhalten des Fahrzeugs in der Querdynamik (d. h. Kurvenfahrt) wird darüber hinaus auch stark von der Steifigkeit der Achsen und des Rahmens sowie von den Eigenschaften der Achsaufhängung beeinflusst. Für das Lenkgefühl sind Lenkgetriebe, Lenkübersetzung und die Reibung im Gesamtsystem des Weiteren von großer Bedeutung.

4.3 Anforderung an die Lenkung und Ackermann-Bedingung

Die Lenkung gehört zu den Baugruppen, die den Charakter eines Fahrzeugs prägen. Unterschiede in der Lenkung werden auch von ungeübten Fahrern leicht identifiziert[2]. Eine funktionsfähige Lenkung ist unabdingbar für ein betriebssicheres Fahrzeug. Daher wird der Lenkung und der Funktionssicherheit des Lenksystems großes Augenmerk gewidmet.

Zahlreiche Anforderungen muss das Lenksystem erfüllen: Das Fahrzeug soll einen möglichst geringen Wenderadius aufweisen, der Bauraum für die Lenkung ist aber begrenzt. Die Lenkkräfte sollen angemessen sein, Stöße der Fahrbahn nicht an das Lenkrad weitergegeben werden, aber gleichzeitig soll die Lenkung guten Fahrbahnkontakt vermitteln. Das Lenkgestänge (Lenkspindel) vom Fahrerhaus zur Vorderachse muss beim Frontlenker so gestaltet sein, dass das Fahrerhaus gekippt werden kann. Auch muss die Lenkspindel die federnde Relativbewegung zwischen Fahrerhaus und Chassis ausgleichen können.

Als wichtige geometrisch-konstruktive Bedingung für eine Lenkung gilt die sogenannte Ackermann-Bedingung: Diese fordert, dass sich bei Kurvenfahrt die Drehachsen aller Räder in einem Punkt, dem Kurvenmittelpunkt schneiden. Damit ist das schlupffreie Abrollen der Räder gewährleistet. Die Ackermann-Bedingung ergibt den Sollwinkel für jedes einzelne Rad. Der tatsächliche Winkel weicht davon aus konstruktiven Gründen häufig ab.

Abb. 4.3 zeigt die Geometrie für die Ackermann-Bedingung. δ_i und δ_a beschreiben die Lenkwinkel am kurveninneren und am kurvenäußeren Rad, s_i und s_a sind die Radien der Spurkreise, die die beiden Vorderräder beschreiben. Der Abstand der Schnittpunkte der Achsen des Achschenkelbolzens mit der Fahrbahn wird mit f_s bezeichnet. r_s ist der

---

[2] Es gilt aber auch, dass der Fahrer sich in der Regel recht schnell an unterschiedliche Lenkungen gewöhnt, solange das Lenkverhalten in einem akzeptablen Rahmen bleibt.

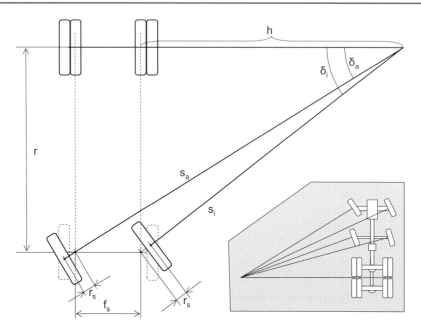

Abb. 4.3 Ackermann-Bedingung und geometrische Verhältnisse. Im kleinen Kasten ist „der Ackermann", für einen Mehrachser gezeigt: Jedes gelenkte Rad hat einen anderen Ackermannwinkel. Das Achstandem wird wie eine Achse im Mittelpunkt des Achstandems betrachtet.

Lenkrollhalbmesser und r der Radstand des Fahrzeugs. Für die Winkel gilt:

$$\sin \delta_i = \frac{r}{s_i + r_s} \tag{4.1}$$

$$\sin \delta_a = \frac{r}{s_a - r_s} \tag{4.2}$$

Aus Gl. 4.2 ergibt sich eine Abschätzungsmöglichkeit für den kleinsten erreichbaren Wenderadius, wenn $\delta_{a,\max}$ den maximalen Lenkwinkel eines Fahrzeugs bezeichnet:

$$s_{a,\min} = \frac{r}{\sin \delta_{a,\max}} + r_s \approx \frac{r}{\sin \delta_{a,\max}} \tag{4.3}$$

Der tatsächliche Wendekreis ist (eventuell sogar deutlich) größer, da das Fahrzeug sowohl vorne als auch hinten einen Überhang aufweist, der hier keine Berücksichtigung findet.

Für die Lenkwinkel der beiden Räder gilt mit der Hilfsgröße h:

$$\cot \delta_i = \frac{h}{r} \tag{4.4}$$

$$\cot \delta_a = \frac{h + f_s}{r} \tag{4.5}$$

und damit[3]:

$$\cot \delta_a - \cot \delta_i = \frac{f_s}{r} \qquad (4.6)$$

Die tatsächlichen Winkel beim Kurvenfahren weichen von den berechneten Winkeln ab, da die Reifen und das Fahrwerk Elastizitäten aufweisen, die zu Schräglaufwinkeln führen.

4.4 Reale Achsschenkellenkung

Nutzfahrzeuge werden – wie weiter oben schon ausgeführt – mit Achsschenkellenkung aufgebaut. Abb. 4.4 illustriert die Funktionsweise des sogenannten Lenktrapezes. Die Kinematik der Achsschenkellenkung bewirkt, dass das kurveninnere Rad einen größeren Lenkeinschlag vollführt als das kurvenäußere Rad.

Mit drei Größen lässt sich das Verhalten der Lenkwinkel im Lenktrapez beschreiben. Der durch die Geometrie der Spurhebel vorgegebene Trapezwinkel in Geradeausstellung α_g, der Abstand der Achsschenkelbolzen f_a und die Länge der Spurhebel r_s legen fest, welcher Lenkwinkel δ_a am äußeren Rad auftritt, wenn δ_i vorgegeben ist. Man stellt fest, dass das Verhältnis der Winkel die Ackermann-Bedingung der Gl. 4.6 nur für einen Lenkeinschlag erfüllen kann. Bei allen anderen Lenkwinkeln wird die Ackermann-Bedingung nur näherungsweise erfüllt. Bei der Auslegung des Lenktrapezes ist abzuwägen, in welchem Lenkbereich die Ackermann-Bedingung besonders gut erfüllt sein soll.

Abb. 4.5 zeigt das mechanische Lenksystem eines modernen Lastkraftwagens. Die Lenkradbewegung wird über die Lenkspindel an das Lenkgetriebe übertragen. Die Lenk-

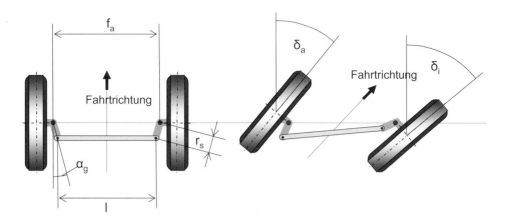

Abb. 4.4 Das Lenktrapez

---

[3] Die gleiche Beziehung findet man auch, wenn man analog der Gl. 4.2 Ausdrücke für $\cos \delta_a$ und $\cos \delta_i$ aufstellt und $\cot = \frac{\cos}{\sin}$ verwendet.

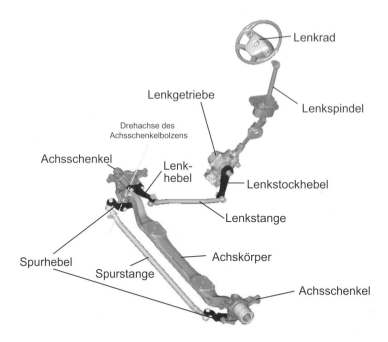

Abb. 4.5 Darstellung der mechanischen Komponenten einer Nutzfahrzeuglenkung. Zum Lenksystem gehören auch die Lenkhelfpumpe, der Lenköltank und Hydraulikleitungen sowie mechatronische Komponenten, die hier nicht gezeigt sind

spindel ist durch ein oder zwei Kardangelenke geteilt. Dies ist erforderlich, um eine abgewinkelte Lenkspindel darzustellen, die sich meist aus den zur Verfügung stehenden Bauräumen ergibt. Darüber hinaus erlaubt die Lenkspindel mit Kardangelenk(en) das Lenkrad relativ zum Lenkgetriebe zu bewegen, um das Fahrerhaus mit Lenkrad kippen zu können. Auch das für den Fahrer verstellbare Lenkrad lässt sich so darstellen.

Der sogenannte Kardanfehler verursacht eine, sich während der Lenkbewegung verändernde, Lenkradübersetzung. Mit zwei Kardangelenken in der Lenkspindel lassen sich die beiden Kardangelenke so anordnen, dass sich die Fehler (nahezu) ausgleichen.

Das Lenkgetriebe übersetzt die Drehbewegung der Lenkspindel in eine Drehbewegung des Lenkstockkhebels. Dieser bewegt die Lenkstange in einer Vor- und Zurückbewegung. Dadurch wird wiederum über den Lenkhebel der Achsschenkel gedreht, an welchem das Rad über die Radnabenlagerung fixiert ist.

Das Lenkgetriebe im schweren Lastkraftwagen ist in der Regel eine Kugelumlauflenkung. Bei leichten Lastwagen werden auch Zahnstangenlenkungen (wie im Pkw üblich) eingesetzt. Das Lenkgetriebe sowie die geometrischen Verhältnisse von Lenkstockhebel und Lenkhebel ergeben ein Übersetzungsverhältnis zwischen Lenkradwinkel und Lenkwinkel am Rad. Typische Lenkungsübersetzungen bei Fernverkehrs-Lkw liegen bei 1 : 17 bis 1 : 23.

4.4.1 Lenkunterstützung und Lenkhelfpumpe

Um die Lenkkräfte, die der Fahrer am Lenkrad aufbringen muss, zu reduzieren, sind Lastwagenlenkungen mit Hydraulikunterstützung ausgeführt. Durch den Verbrennungsmotor wird eine Lenkhelfpumpe angetrieben. In konventionellen Systemen erzeugt die hydraulische Lenkhelfpumpe einen motordrehzahlabhängigen Volumenstrom. Bei Geradeausfahrt fließt dieser Hydraulikstrom mit niedrigem Umlaufdruck durch Lenkhelfpumpe, Lenkgetriebe und Lenkölbehälter. Lenkt der Fahrer so, wird im Lenkgetriebe über Drehstab und Ventilschieber hydraulischer Druck auf eine Seite eines beidseitig wirkenden Kolben im Lenkgetriebe gegeben. Dieser Kolben unterstützt die Lenkkraft, so dass der Fahrer eine deutliche Kraftunterstützung spürt.

Die Energie, die zum Umwälzen des Hydrauliköls erforderlich ist, muss vom Fahrzeug aufgebracht werden. Die Lenkhelfpumpe wird in der Regel so ausgelegt, dass auch bei einem hohen Reibwert zwischen Reifen und Untergrund „Lenken im Stand", noch möglich ist. Bei diesem Lastfall ist eine hohe Unterstützung durch die Hydraulik erforderlich. Im Fahrbetrieb ist die erforderliche Lenkunterstützung deutlich niedriger und nur ein Bruchteil der Leistung, die die Lenkhelfpumpe zur Verfügung stellt, wird für die Lenkunterstützung gebraucht. Man bemüht sich daher zunehmend zum Zwecke der Kraftstoffverbrauchsreduzierung moderne Hydraulikpumpen zum Einsatz zu bringen, mit welchen man den hydraulischen Volumenstrom variabel an die Fahrsituation anpassen kann (geringer Volumenstrom bei Geradeausfahrt).

Bei Ausfall der Hydraulikunterstützung muss der Fahrer mit Muskelkraft die gesamte erforderliche Lenkkraft aufbringen. Für die am Lenkrad erforderlichen Kräfte sind Grenzwerte festgelegt. Werden diese Grenzwerte ohne Hydraulikunterstützung nicht erreicht, muss das Fahrzeug mit einer redundanten Hilfskraft ausgestattet sein. Traditionell verfügen Fahrzeuge, die eine redundante Lenkkraftunterstützung haben, über einen zweiten Hydraulikkreis, der nicht vom Motor angetrieben ist, sondern über Räder/Achse/Gelenkwelle angetrieben wird und bei rollendem Fahrzeug einen Ersatz-Hydraulikdruck aufbaut. Ein alternatives Konzept ersetzt den zweiten, schweren und teuren Hydraulikkreis durch eine elektromotorische Unterstützung, um im Falle eines Hydraulikausfalls des primären Lenkkreises die Lenkunterstützung elektrisch zu bewerkstelligen. Der elektrische zweite Kreis spart gegenüber der hydraulischen Zweikreislenkung Gewicht und Kosten. Einen Elektromotor, der auf das Lenkgetriebe wirkt, kann man des Weiteren nutzen, um zusätzliche Funktionen zu realisieren, wie beispielsweise eine Verbesserung der Rangierfähigkeit oder eine Veränderung der Rückstellcharakteristik der Lenkung [8].

4.5   Weitere gelenkte Achsen

Fahrzeuge mit vier Achsen verfügen häufig über zwei gelenkte Vorderachsen. Fahrzeuge
mit drei Achsen können mit nur einer Lenkachse aufgebaut sein oder aber auch eine zweite gelenkte Achse aufweisen. Diese zweite gelenkte Achse kann sowohl als Vorlaufachse
als auch als Nachlaufachse aufgebaut sein. Beispiele zeigt Abb. 2.4. Gelenkte Zusatzachsen haben gegenüber starren Achsen zwei Vorteile: Der Wendekreis des Fahrzeugs wird
geringer – ein Vorteil, der insbesondere im Stadtverkehr und beim Rangieren zählt – und
der Verschleiß der Reifen nimmt ab.

Das Verhalten der gelenkten Nachlaufachse ist von der Fahrsituation abhängig: Bei
niedrigen Geschwindigkeiten – beispielsweise bis circa 25 km/h – lenkt die Nachlaufachse gegenläufig zur Vorderachse und reduziert so den Wendekreis. Bei steigender Geschwindigkeit wird der Lenkeinschlag der Zusatzachse verringert. Sie trägt immer noch
zur Lenkung des Fahrzeugs bei, zeigt aber geringere Lenkwinkel. Ab einer festgelegten
Grenzgeschwingigkeit (beispielsweise 45 km/h) wird die Nachlaufachse in Geradeaus-
Stellung festgehalten und lenkt nicht mehr. Dann ergibt sich das stabile Fahrverhalten
eines Dreiachsers ohne gelenkte Zusatzachse. Auch bei Rückwärtsfahrt oder wenn die
Elektronik der gelenkten Zusatzachse einen Fehler detektiert hat, wird die Lenkfunktion
der Nachlaufachse gesperrt.

Weitere Anbauteile

5

Wie in Abschn. 2.2 erwähnt, sind am Rahmen neben den großen Gewerken Kabine, Aufbau, Achsen und Triebstrang viele weitere Teile befestigt.

Die Tankanlage ist eine auffällige Baugruppe am Chassis. Insbesondere im Fernverkehr sind voluminöse Tanks gefragt: Die Spedition kann die Fahrzeuge dort auftanken, wo der Diesel besonders günstig ist. Tanks mit dem maximalen Volumen von 1500 Litern ermöglichen bis zu 5000 km Fahrtstrecke ohne Betankung. Es soll Speditionen geben, die ihre Routen so optimieren, dass ihre Fahrzeuge in regelmäßigen Abständen durch Länder

Abb. 5.1 Ausnutzen des gesamten Bauraums zwischen den Achsen einer Sattelzugmaschine, um das maximale Volumen für die Tankanlage darzustellen. Foto: Daimler AG

© Springer Fachmedien Wiesbaden 2016
M. Hilgers, *Chassis und Achsen*, Nutzfahrzeugtechnik lernen,
DOI 10.1007/978-3-658-12747-3_5

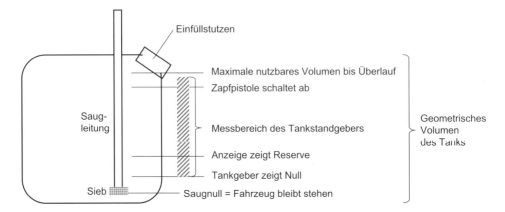

Abb. 5.2 Das nutzbare Volumen des Tanks ist erheblich kleiner als das geometrische Volumen des Tanks. Die eingezeichneten Abstände geben nicht die realen Größenverhältnisse wieder, sondern dienen nur zur Veranschaulichung, dass das Tankvolumen verschiedene, nicht nutzbare Volumenanteile enthält

mit niedrigem Dieselpreis fahren. Ein großes Tankvolumen ermöglicht es gegebenenfalls auch, die Betankungsvorgänge grundsätzlich auf dem Speditionshof durchzuführen und entlasten den Fahrer und die Speditionsbuchhaltung vom Bezahlvorgang in der Fremde. Der Tank stellt ein großes Gewicht dar, das seitlich am Rahmen befestigt werden muss.

Die einseitige Aufhängung erfordert durchdachte Tankhalterungen. In der Regel ist eine L-förmige Tankkonsole am Rahmen festgeschraubt. Auf dieser Tankkonsole liegt der Tank auf und ist mit mehreren Spannbändern gehalten. Im Inneren des Tankes sorgen Schwallwände dafür, dass die Schwappbewegung der Flüssigkeit gedämpft wird.

Ein **Batterieträger** beinhaltet die Starterbatterie. Starterbatterien (220 Ah) wiegen ca. 50 kg und es sind zwei erforderlich, um 24 V darzustellen. In vielen Fahrzeugkonfigurationen sitzt der Batterieträger oder Batteriekasten seitlich am Rahmen. Zwei Batterien sind hier in der Regel nebeneinander, bei eingeschränktem verfügbarem Bauraum manchmal auch übereinander angeordnet. Der Batteriekasten trägt das hohe Gewicht der Batterien. Insbesondere bei Sattelzugfahrzeugen wird der Batterieträger auch gerne im Heck des Fahrzeugs untergebracht, da der Bauraum seitlich am Rahmen begrenzt ist und bevorzugt für Abgasanlage und Tank(s) verwendet wird. Des Weiteren verbessert man bei Sattelzugmaschinen mit dem Batterieheck auch die Achslastverteilung des Fahrzeugs, wenn dieses ohne Auflieger unterwegs ist; Abb. 5.3 zeigt beispielhaft einen Batterieträger im Heck einer Sattelzugmaschine.

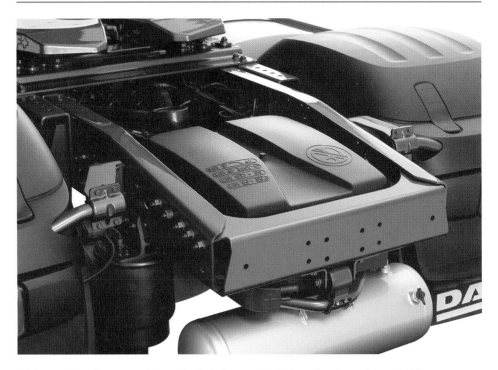

Abb. 5.3 Batterieträger und Druckluftbehälter am Heck eines Sattelzugs (Foto: DAF)

Die **Druckluftanlage** und die **Bremsanlage** besteht aus vielen Komponenten, die am Rahmen untergebracht sind. Die recht voluminösen Druckluftkessel beanspruchen ihren Platz. Bei den vielen zahlreichen kleineren Komponenten der Bremsanlage besteht die Herausforderung weniger im Platzbedarf, sondern ergibt sich eher dadurch, dass die Platzierung der verschiedenen Komponenten für jede Fahrzeugvariante (Länge, Radstand, Tankvolumen, Sonderausstattungen) erneut vorzunehmen ist.

Kotflügel verhindern, dass zuviel Dreck und Gischt, die durch die Räder aufgewirbelt werden, andere Verkehrsteilnehmer behindern. **Seitenverkleidungen** und **seitliche Unterfahrschutze** decken die Seiten ab und verbessern die Sicherheit für die anderen Verkehrsteilnehmer. Etliche Fahrzeuge verfügen über ein **Reserverad**. Ein **Keil** zum Sichern des abgestellten Fahrzeugs ist Vorschrift und ist in der Regel außen am Fahrzeugrahmen angebracht. Alle diese Teile benötigen Halter. Aufgrund des teilweise hohen Gewichts und der weiten Auskragung der Anbauteile sind diese Halter hohen Belastungen ausgesetzt und müssen stabil ausgeführt sein.

Achsen

6

Die Achse erfüllt zahlreiche grundlegende Funktionen im Fahrzeug. Die typischen Funktionen, die von Achsen dargestellt werden, sind:

- Tragen
- Federn
- Rollen
- Bremsen
- Lenken
- Antreiben

Die ersten drei Funktionen, Tragen, Federn, Rollen werden von allen Achsen des Fahrzeugs wahrgenommen. Auch zur Funktion Bremsen tragen bei den allermeisten Fahrzeugen alle Achsen bei. Die Funktionen Lenken und Antreiben werden je nach Fahrzeugkonfiguration nur von einem Teil der im Fahrzeug verbauten Achsen übernommen – siehe Abb. 2.4. Es gibt folglich angetriebene und nicht angetriebene Achsen, gelenkte und nicht gelenkte Achsen. Des Weiteren unterscheidet man zwischen Vorderachsen und Hinterachsen. Vorderachsen sind einfach bereift, während Hinterachsen in der Regel eine höhere Traglast aufweisen und häufig Zwillingsbereifung tragen. Die Federungsart der Achse (Stahlfeder oder Luftfederung) und die Bremse (Trommel/Scheibe) erzeugen weitere Achsvarianten. Abb. 6.1 zeigt verschiedene Merkmale, die eine Achse definieren.

Die vorgesehene Achslast für eine Achse wird bei der Auslegung der mechanischen Belastbarkeit des Achskörpers berücksichtigt. Die in Deutschland erlaubten Achslasten werden in 96/53/EG festgelegt (siehe auch [9]).

© Springer Fachmedien Wiesbaden 2016
M. Hilgers, *Chassis und Achsen*, Nutzfahrzeugtechnik lernen,
DOI 10.1007/978-3-658-12747-3_6

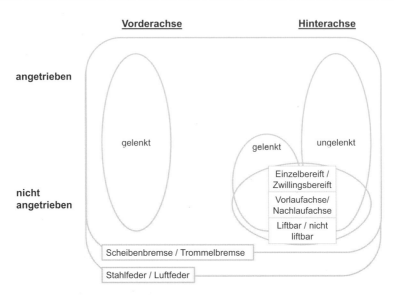

Abb. 6.1 Verschiedene Eigenschaften von Achsen. Die Kombination der verschiedenen Eigenschaften lässt eine Vielzahl von Achsvarianten entstehen. Die maximal zulässige Achslast und die verschiedenen Übersetzungsverhältnisse der Achsgetriebe bei angetriebenen Achsen sind weitere (in dieser Darstellung nicht berücksichtigte) Variantentreiber

Für angetriebene Achsen ergeben sich neben den geometrischen Anforderungen weitere Anforderungen aus der Funktion Antreiben. Mit der Achsübersetzung i_{Achse}, der Getriebeübersetzung $i_{Getriebe}$ und dem Reifenradius r_{dyn} ergibt sich die Fahrgeschwindigkeit v aus der Motordrehzahl:

$$v_{Fahrzeug} = 2 \cdot \pi \cdot n_{Motor} \cdot r_{dyn} \cdot \frac{1}{i_{Getriebe}} \cdot \frac{1}{i_{Achse}} \qquad (6.1)$$

Bei der Triebstrangauslegung wird die gewünschte Rangiergeschwindigkeit, die Fahrgeschwindigkeit im höchsten Gang bei einer gewünschten Motordrehzahl und die Steigfähigkeit des Fahrzeuges berücksichtigt, um i_{Achse} festzulegen. Typische Achsübersetzungen im Lkw liegen zwischen $i_{Achse} = 2$ und $i_{Achse} = 6$. Eine detaillierte Erklärung der Triebstrangauslegung findet sich in [10].

Das durch die Achse durchfließende Drehmoment ergibt sich aus Motormoment und Getriebeübersetzungen. Der Einsatzfall des Fahrzeugs, das Lastzuggesamtgewicht und die Drehmomentkurve des Motors bestimmen, welche Belastung (welches Lastkollektiv) das Achsgetriebe tatsächlich im Betrieb erfährt.

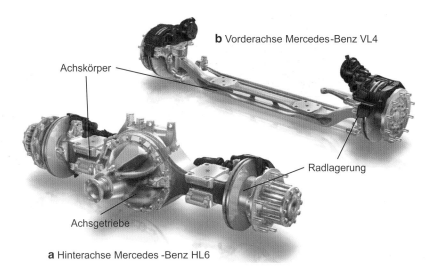

Abb. 6.2 Achsen für schwere Lastkraftwagen. **a** Zeigt eine angetriebene Hinterachse mit Scheibenbremse. **b** Zeigt eine nichtangetriebene Vorderachse mit Scheibenbremse. Die Vorderachse beinhaltet die Funktion Lenken. An den planaren Flächen am Achskörper wird die Achse an der Federung angebracht

Die konventionelle Lastkraftwagenachse ist eine Starrachse. Die wichtigen Bestandteile bei dieser Achsenform sind der Achskörper (oder Achsbrücke), die Radlagerung und bei der angetriebenen Achse, das Achsgetriebe. Der Achskörper verbindet die beiden Radlagerungen, so dass eine Kraft, die auf eine Seite der Achse wirkt (beispielsweise ein Schlagloch), auch das Rad der anderen Fahrspur bewegt.

Abb. 6.3 zeigt, dass die Einzelradaufhängung keinen durchgehenden Achskörper mehr aufweist. Dadurch werden die beiden Radspuren entkoppelt. Die Räder auf den beiden Seiten der Achse können unabhängig voneinander einfedern.

Bislang hat die Einzelradaufhängung im Nutzfahrzeugsegment keine große Verbreitung erfahren. Omnibusse weisen aus Komfort- und Fahrdynamikgründen häufig Einzelradaufhängung auf und einige Spezialfahrzeuge sind mit Einzelradaufhängung konzipiert.

Langsam wächst aber das Interesse an der Einzelradaufhängung auch im Nutzfahrzeugbereich. Abb. 6.3 zeigt eine Einzelradaufhängung für den schweren Lastwagen, die im Jahre 2012 als Sonderausstattung vorgestellt wurde.

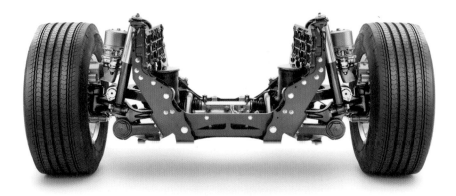

Abb. 6.3 Einzelradaufhängung für die Vorderachse eines schweren Lastkraftwagens. Darstellung: Volvo Trucks AG

6.1 Achsbrücke

Die Achsbrücke ist das Rückgrat der Achse. Sie übernimmt die Funktion „tragen". Die Achsbrücke hat eine Anschlussfläche („Federsattel", Nummer 8 in Abb. 6.6), die die Verbindung der Achse mit der Federung ermöglicht. An den Enden der Achsbrücke befindet sich die Radlagerung und die Bremse. Bei angetriebenen Achsen nimmt die Achsbrücke die beweglichen Teile auf, wie Achsgetriebe und Achswellen. Die Achsbrücke kann ein Gussteil sein oder aus umgeformten Blechteilen, Guss- und/oder Schmiedeteilen zusammengebaut sein.

6.2 Achsgetriebe

Alle angetriebenen Achsen weisen ein Mittelgetriebe auf. Zweistufige Achsen haben darüber hinaus noch das sogenannte Nabengetriebe, das radnah in der Nabe sitzt.

6.2.1 Mittentrieb

Das Mittelgetriebe ist bei angetriebenen Achsen immer erforderlich, um die Drehbewegung der Gelenkwelle auf die Achswellen zu übertragen. Da beim Lkw der Motor längs eingebaut ist, verläuft die Drehachse von Motor, Getriebe und Gelenkwelle rechtwinklig zur Drehachse der Räder[1]. Das Achsgetriebe hat die Aufgabe, die Richtung des

---

[1] Beim Lastkraftwagen gilt dies immer, denn es gibt nur sogenannte Heck-Längs-Konfigurationen – siehe Abb. 2.4. Im Pkw und auch im Transporter gibt es auch den sogenannten Front-Quer-Einbau, bei dem die Drehachse der Kurbelwelle parallel zur Drehachse der Antriebsräder verläuft.

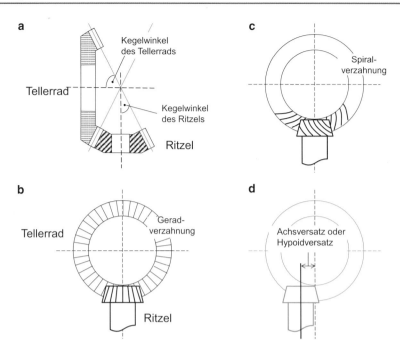

Abb. 6.4 Darstellung des Kegeltriebs im Mittentrieb einer Antriebsachse. **b** und **c** erläutern den Unterschied zwischen Geradverzahnung und Spiralverzahnung. **d** illustriert den Hypoidversatz

Kraftflusses um 90 Grad zu drehen. Üblicherweise bedient man sich des sogenannten Kegelradachsantriebs: Das Ritzel oder Kegelrad, das an der Gelenkwelle sitzt, greift in das sogenannte Tellerrad ein.

Schneiden sich die Drehachse des Ritzels und des Tellerrades, so liegt das Ritzel mittig auf dem Tellerrad. Ist das Ritzel außermittig angeordnet, so spricht man von einem Hypoidversatz und einer Hypoidachse. Abb. 6.4 zeigt schematisch den Kegeltrieb. Die Verzahnung zwischen Kegelrad und Tellerrad wird in der Regel als Bogenverzahnung mit Hypoidversatz ausgeführt. Hypoidverzahnte Kegelräder bieten aufgrund der höheren Verzahnungsüberdeckung und einer Wälz-Gleitbewegung an der Zahnkontaktfläche deutliche Vorteile: Die Verzahnung weist eine höhere Belastbarkeit bzw. eine höhere Lebensdauer auf und es ergibt sich ein geringeres Geräuschniveau.

Neben Tellerrad und Ritzel beinhaltet der Mittentrieb das Kegelausgleichsgetriebe. Das Ausgleichsgetriebe oder Querdifferential sorgt dafür, dass sich bei Kurvenfahrt das kurvenäußere Rad schneller drehen kann als das kurveninnere Rad. Dies ist erforderlich, da der Abrollweg der Räder bei Kurvenfahrt unterschiedlich ist[2]. Die im folgenden erläuter-

---

[2] Faktisch ist der Abrollweg der Räder nicht nur bei Kurvenfahrt, sondern auch bei Geradeausfahrt immer ein wenig unterschiedlich, da Radumfang, Luft-Füllgrad der Reifen und Reifenschlupf der einzelnen Räder unterschiedlich sind.

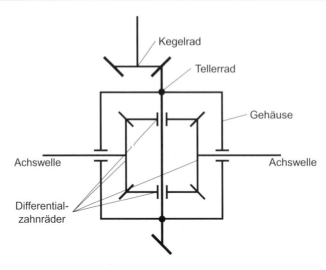

Abb. 6.5 Radschema des Radmittentriebs mit Differential

te Bauform hat sich für das Ausgleichsgetriebe etabliert (wenn auch andere Bauformen denkbar sind): In einem Gehäuse, welches am Tellerrad befestigt ist und das sich mit dem Tellerrad mitdreht, sitzt das Differential aus vier rechtwinklig zueinander angeordneten Zahnrädern. Abb. 6.5 zeigt das Räderschema eines einfachen Mittentriebs mit Ritzel und Tellerrad und einem Ausgleichsgetriebe. Das Moment der Tellerrades wird mit diesem Getriebe auf die beiden Antriebswellen verteilt. Beide Wellen werden mit gleich großem Drehmoment angetrieben. Drehen sich die Räder (Antriebswellen) gleich schnell, so drehen sich die Differentialzahnräder nicht gegeneinander und verursachen auch keine innere Reibung.

Die Drehzahldifferenz der Antriebswellen ergibt sich mechanisch dadurch, dass das Rad mit geringerer Reibung schneller dreht. Sind die Reibungs-Kräfte an beiden Seiten der Achse gleich, so verteilt sich das Moment zu gleichen Teilen 50 : 50 auf die beiden Seiten.

Bei allem Nutzen hat das Differential einen unschönen Nebeneffekt: Der Gesamtvortrieb des Fahrzeugs wird von dem Rad mit dem geringsten Reibwert bestimmt. Befindet sich ein Rad auf einem extrem niedrigen Reibwert, so dreht sich nur noch dieses Rad – und zwar auf der Stelle: Das Rad dreht durch. Auch wenn das andere Rad auf griffigem Untergrund steht, kommt das Fahrzeug nicht vom Fleck. Denn der Achsseite, die einen hohen Reibwert vorfindet, fehlt das Gegenlager an dem sie sich abstützen kann. Das Differential gibt die gesamte Drehung nur an das Rad mit dem niedrigen Reibwert ab. Dieses Problem stellt sich ein, wenn (mindestens) ein Rad einen sehr niedrigen Reibwert vorfindet, beispielsweise wenn ein Rad auf Glatteis steht.

Es gibt mehrere technische Lösungen für dieses Problem: Die Differentialsperre und die Anti-Schlupfregelung (ASR).

Die ASR schafft Abhilfe, indem sie das durchdrehende Rad abbremst. Dadurch überträgt das Rad mit hohem Reibwert wieder Vortriebskraft. Es stützt sich an der Bremskraft des durchdrehenden Rades ab und das Fahrzeug bewegt sich von der Stelle.

Eine andere Lösungsmöglichkeit, auf unterschiedlichen Reibwerten Vortrieb sicherzustellen, ist die Differentialsperre. Diese sperrt das Differential und erzwingt gleiche Raddrehzahlen auf beiden Seiten der Achse. Es können sich keine unterschiedlichen Drehzahlen für die beiden Achsseiten einstellen. Beide Räder und die Achswellen drehen gemeinsam wie ein starrer Körper. Das gesperrte (inaktive) Differential zwingt bei Kurvenfahrt auf normaler Fahrbahn die Reifen zu „radieren", und verursacht einen stark erhöhten Reifenverschleiß. Daher muss das Differential bei normaler Fahrt freigängig (entsperrt) sein.

6.2.1.1 Durchtriebsachse

Um zwei angetriebene Hinterachsen (oder auch zwei angetriebene Vorderachsen) darstellen zu können, werden Achsen mit sogenanntem Durchtrieb benötigt. Bei der Durchtriebsachse wird das eingehende Drehmoment aufgeteilt: Zum einen werden die Räder der Eingangsachse (oder Durchtriebsachse) angetrieben, des Weiteren wird über ein Verteilergetriebe in der Achse ein Teil der Antriebsleistung an einen zweiten Flansch ausgegeben. Von diesem Ausgangsflansch wird über eine Zwischengelenkwelle eine zweite Achse angetrieben. Ein Längsdifferential ermöglicht es, dass beide Achsen mit unterschiedlicher Drehzahl drehen können. Für den Einsatz im schweren Gelände kann durch eine Längsdifferentialsperre die Wirkung des Längsdifferentials ausgeschaltet werden. Abb. 6.6 zeigt eine mehrstufige Durchtriebsachse mit zusätzlichem äußeren Nabengetriebe.

6.2.2 Mehrstufige Achsen

Es gibt Antriebsachsen, bei denen die Achsübersetzung zweistufig realisiert ist. Es gibt zweistufige Achsen bei denen im Achsmittentrieb eine zweistufige Übersetzung dargestellt ist und zweistufige Achsen bei denen eine Übersetzung im Mittentrieb und eine weitere Übersetzungsstufe in der Nabe realisiert ist. Die zweistufige Bauform im Mittentrieb kann mit einer zusätzlichen Stirnradverzahnung oder mit einem Planetengetriebe realisiert sein. Die Zweistufigkeit im Mittentrieb kann schaltbar ausgeführt sein, so dass man in der Achse zwei Übersetzungen wählen kann. Das Gewicht und die innere Reibung der Achse ist bei zweistufigen Achsen naturgemäß höher als bei einer einstufigen Achse.

6.2.2.1 Nabengetriebe

Zweistufige Achsen mit Nabengetriebe weisen neben dem immer erforderlichen Mittentrieb eine zweite Übersetzungsstufe an der Nabe auf. Diese Übersetzungsstufe kann als Planetensatz oder als Stirnradverzahnung ausgeführt sein.

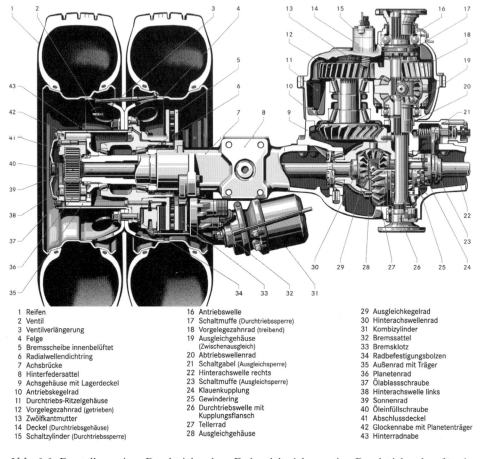

Abb. 6.6 Darstellung einer Durchtriebsachse. Es handelt sich um eine Durchtriebsachse für ein Achstandem im schweren Lkw. Dargestellt ist eine zweistufige Achse mit Außenplanetengetriebe. Die Achse verfügt über Scheibenbremsen und sowohl ein Längs- als auch ein Querdifferential mit Differentialsperren. Darstellung: Daimler AG

1 Reifen	16 Antriebswelle	29 Ausgleichkegelrad
2 Ventil	17 Schaltmuffe (Durchtriebssperre)	30 Hinterachswellenrad
3 Ventilverlängerung	18 Vorgelegezahnrad (treibend)	31 Kombizylinder
4 Felge	19 Ausgleichgehäuse	32 Bremssattel
5 Bremsscheibe innenbelüftet	(Zwischenausgleich)	33 Bremsklotz
6 Radialwellendichtring	20 Abtriebswellenrad	34 Radbefestigungsbolzen
7 Achsbrücke	21 Schaltgabel (Ausgleichsperre)	35 Außenrad mit Träger
8 Hinterfedersattel	22 Hinterachswelle rechts	36 Planetenrad
9 Achsgehäuse mit Lagerdeckel	23 Schaltmuffe (Ausgleichsperre)	37 Ölablassschraube
10 Antriebskegelrad	24 Klauenkupplung	38 Hinterachswelle links
11 Durchtriebs-Ritzelgehäuse	25 Gewindering	39 Sonnenrad
12 Vorgelegezahnrad (getrieben)	26 Durchtriebswelle mit	40 Öleinfüllschraube
13 Zwölfkantmutter	Kupplungsflansch	41 Abschlussdeckel
14 Deckel (Durchtriebsgehäuse)	27 Tellerrad	42 Glockennabe mit Planetenträger
15 Schaltzylinder (Durchtriebssperre)	28 Ausgleichgehäuse	43 Hinterradnabe

Der Vorteil der finalen Übersetzungsstufe nahe am Rad besteht darin, dass die letzte Stufe der Drehmomenterhöhung erst ganz nahe am Rad erfolgt. Der Mittentrieb und die Antriebswellen vom Mittentrieb zur Nabe werden daher mit weniger Drehmoment belastet und können dementsprechend leichter ausgelegt werden. Die zweistufige Achse erlaubt es auch, kleinere Tellerraddurchmesser zu wählen (bei gleicher oder höherer Gesamtübersetzung der Achse), so dass man einen kleineren Achskessel braucht und damit unter der Achse an Bodenfreiheit gewinnt. Der Nachteil der Achse mit Nabengetriebe ist, dass man zwei Nabengetriebe und einen Mittentrieb in der Achse benötigt. Damit sind Achsen mit Nabengetriebe teuer und schwer. Abb. 6.6 zeigt eine zweistufige Achse mit Nabengetriebe als Planetensatz ausgeführt.

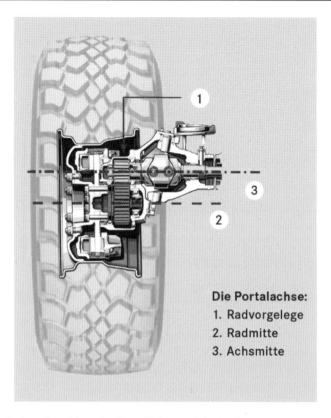

Abb. 6.7 Portalachse eines Mercedes-Benz Unimogs: Die Antriebswelle liegt oberhalb der Dreh-achse des Rades. Eine Übersetzungsstufe überträgt die Drehung der Antriebswelle auf das Rad. Der Abstand zwischen der Radmitte (2) und der Achsmitte (3) ist der Zugewinn an Bodenfreiheit bei dieser Bauform. Darstellung: Daimler AG

6.2.2.2 Portalachsen

Für hochgeländegängige Fahrzeuge baut man wegen der verbesserten Bodenfreiheit soge-nannte Portalachsen: Bei diesen Achsen verläuft die Antriebswelle oberhalb der Drehach-se des Rades, um die Bodenfreiheit zu erhöhen. An der Radnabe muss die Drehbewegung an die Drehachse des Rades übergeben werden, so dass eine radnahe Übersetzungsstu-fe erforderlich ist. Abb. 6.7 zeigt die radnahe Übersetzungsstufe in der Portalachse eines Unimogs. Bei Stadtbussen werden „umgekehrte", Portalachsen eingesetzt: Dies sind Por-talachsen, bei denen die Antriebswelle unterhalb der Raddrehachse verlaufen. Auf diese Weise ist es möglich, den Mittelgang des Fahrgastraumes niedrig über der Fahrbahn zu realisieren und dem Fahrgast beim Erklimmen des Busses Stufen zu ersparen.

6.3   Allradfahrzeuge – angetriebene Vorderachsen

Um Allradfahrzeuge darzustellen, sind angetriebene Vorderachsen erforderlich. Die besondere Herausforderung dabei ist, dass die Achse sowohl die Funktion Lenken als auch die Funktion Antreiben in sich vereinigen muss. Nur ein kleiner Anteil der hergestellten Lkws sind Fahrzeuge mit angetriebener Vorderachse. Die klassische angetriebene Vorderachse wird mechanisch von einer Gelenkwelle angetrieben. Diese Gelenkwelle kommt aus dem Verteilergetriebe. Ebenso wie bei den angetriebenen Hinterachsen gibt es bei den Vorderachsen einstufige Achsen und zweistufige Achsen mit einem Nabengetriebe.

6.3.1   Hydraulisch angetriebene Achsen

Seit einigen Jahren gibt es im Nutzfahrzeugsegment auch hydraulisch angetriebene Achsen (HAD – hydraulic auxiliary drive) [16]. Fahrzeuge mit hydraulischer Zusatzachse verfügen über einen normalen Hinterachsantrieb mit mechanischer Verbindung per Gelenkwelle zwischen Motor und Hauptantriebsachse und einer Vorderachse, die zusätzlich bei Bedarf hydraulisch angetrieben wird. Im Fahrzeug ist eine zuschaltbare hydraulische Pumpe installiert, die durch einen Nebenabtrieb angetrieben wird. An der Vorderachse verfügt das Fahrzeug über hydraulische Radmotoren. Wird die Unterstützung der Vorderachse benötigt, so fördert die Hydraulikpumpe Hydrauliköl zur Vorderachse und die Radnabenmotoren der Vorderachse tragen zum Vortrieb bei. Das Gesamtsystem benötigt des Weiteren einen Vorratsbehälter für den Hydraulikkreis, einen Ölkühler, da das Öl sich im Betrieb stark erwärmt, und einen Ventilblock mit Steuergerät, um das System zu steuern. Abb. 6.8 zeigt die Einbausituation des HAD im Fahrzeug.

Reicht das Traktionsvermögen des konventionellen Antriebs aus, so wird das System abgeschaltet. Im Normalbetrieb mit abgeschalteter hydraulischer Achse tritt ein nur moderater Mehrverbrauch auf, durch die erhöhte Reibung in der Vorderachse. Der konventionelle Allradantrieb mit Verteilergetriebe, Gelenkwelle zur Vorderachse und Achsgetriebe an der Vorderachse verursacht hingegen einen deutlich höheren Mehrverbrauch. Weitere Vorteile dieses hydraulischen Zusatzantriebs gegenüber einem konventionellen Allradantrieb bestehen darin, dass das System leichter und preisgünstiger ist. Heute verfügbare hydraulische Zusatzachsen sind aber von ihrer Auslegung her eher als kurzfristige Traktionshilfe gedacht. Sie schalten sich ab einer gewissen Geschwindigkeit ab und können im schweren Gelände nicht die Leistung eines konventionellen mechanischen Vorderachsantriebs bieten.

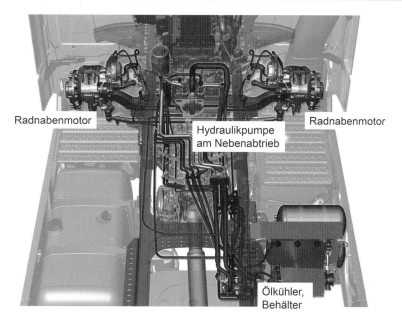

Abb. 6.8 Hydraulischer Zusatzantrieb im Fahrzeug. Darstellung: Daimler AG

Reifen

7

Laut Michael Schumacher ist der Reifen in der Formel 1 das Einzelteil, das am häufigsten über Sieg und Niederlage entscheidet. Im Nutzfahrzeuggeschäft geht es zwar nicht um Sieg und Niederlage, aber der Reifen ist dennoch wichtig für den Erfolg des Spediteurs.

Der Reifen stellt die (einzige) Verbindung zwischen Fahrzeug und Straße her. Alle Kräfte, die vom Fahrzeug auf die Straße und von der Straße auf das Fahrzeug wirken, müssen vom Reifen übertragen werden – siehe Abb. 7.1. Der Reifen bestimmt die übertragbaren Transversal- und Longitudinalkräfte, und er beeinflusst den Komfort eines Fahr-

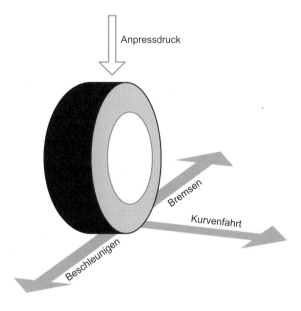

Abb. 7.1 Der Reifen ist der einzige Kontakt zwischen Fahrzeug und Straße

© Springer Fachmedien Wiesbaden 2016
M. Hilgers, *Chassis und Achsen*, Nutzfahrzeugtechnik lernen,
DOI 10.1007/978-3-658-12747-3_7

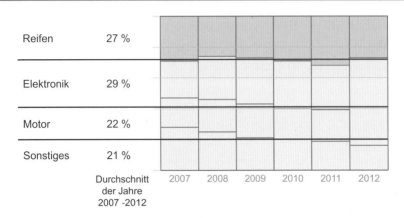

Reifen	27 %						
Elektronik	29 %						
Motor	22 %						
Sonstiges	21 %						
	Durchschnitt der Jahre 2007 -2012	2007	2008	2009	2010	2011	2012

Abb. 7.2 Auswertung der Pannenstatistik des ADAC TruckService 2007 bis 2012: Der Reifen ist für rund ein Viertel aller Lkw-Pannen verantwortlich [15]

zeuges maßgeblich. Die Aufstandsfläche eines Reifens im Lkw ist etwa so groß wie ein DIN-A4-Blatt.

Darüber hinaus ist der Reifen ein wichtiger Beitrag zur Wirtschaftlichkeit eines Fahrzeuges. Im Fernverkehr machen die Reifen 2,3 % der Kosten aus [11]. Der Kraftstoffverbrauch und damit die Dieselkosten werden durch die Reifenwahl ebenfalls beeinflusst. Außerdem sind die Reifen für mehr als ein Viertel aller Pannen eines Lkws verantwortlich [15] – siehe Abb. 7.2.

Je nach Einsatzfall ist der Untergrund, auf dem der Reifen abrollt, stark unterschiedlich. Von perfekt asphaltierter Autobahn, bis zu Geländestrecken mit spitzen Felsen werden Lastkraftwagen auf allen erdenklichen Untergründen bewegt. Aber auch die perfekt asphaltierte Straße ändert ihr Gesicht fortwährend: Sie ist trocken und warm oder regennass, es kann Schnee und Eis auf der Straße liegen, oder die Straße kann verschmutzt und im Herbst laubbedeckt sein. Die Temperatur des Reifens unterliegt ebenfalls großen Schwankungen. Für jeden dieser Einsatzbereiche ist ein anderer Reifen optimal. Die Reifenwahl ist in der Regel ein Kompromiss.

De facto gibt es einige unterschiedliche Reifenarten, die jeweils andere Schwerpunkte setzen. Die verschiedenen Reifentypen unterscheiden sich durch Profil, Gummimischung und den inneren Aufbau. Abb. 7.3 zeigt beispielhaft die Profile verschiedener Reifen.

7.1 Aufbau eines Reifens

Ein Reifen besteht aus verschiedenen Gummimischungen, aus Stahlgewebe („Stahlcord") und aus verschiedenen Kunstfasern (Nylon, Aramide).

Die Lauffläche eines Reifens ist die Fläche, die auf der Fahrbahn abrollt. Sie wird profiliert um die Haftung zu verbessern und die Selbstreinigung des Reifens zu ermöglichen. Unter der Lauffläche liegen mehrere Lagen Trägermaterial, die die Stabilität und Festigkeit des Reifens erhöhen. Das tragende Gerüst des Reifens ist die Karkasse. Sie besteht aus Stahlgewebe, das in Gummi eingebettet ist. Verdickungen am Innenrand des Reifens, die sogenannten Wülste, stellen die Verbindung zur Felge her. Der Wulst besteht aus umlaufenden Stahldrähten, die in das Gummi eingelagert sind. Von innen ist der Reifen mit einer besonderen Gummimischung beschichtet, um die Diffusion von Luft und Feuchtigkeit zu verhindern. Diese Schicht wird Liner oder Innenseele genannt.

Runderneuerung
Lkw-Reifen werden häufig runderneuert, wenn das Profil abgefahren ist. Zunächst wird geprüft, ob das Grundgerüst des Reifens in Ordnung ist. Kleine Schäden werden gegebenenfalls ausgebessert. Die alte Lauffläche des Reifens wird abgeraspelt. Dann wird eine neue Gummischicht mit Profil auf den Reifen aufgebracht. Mehrere Verfahren stehen zur Verfügung um Reifen rundzuerneuern [14].

7.2 Verschiedene Reifentypen

Es gibt Reifen, die für den Einsatz auf der Straße vorgesehen sind und spezielle Geländereifen. Auch Reifen, die einen Kompromiss aus Straßeneinsatz und Geländeeinsatz abbilden, werden angeboten.

Fernverkehrsreifen legen großen Wert auf die Optimierung des Rollwiderstandes, um dem Kunden günstige Verbrauchswerte zu ermöglichen.

Fernverkehrsreifen   Winter-reifen   Regional-reifen   Baustellen-reifen   Gelände reifen

Abb. 7.3 Beispiele für verschiedene Reifen für schwere Lastkraftwagen. Fotos: Continental Truck Tires 2008

Superbreitreifen sind eine Spielart des Fernverkehrsreifens. Hier wird die Zwillingsbereifung auf der Antriebsachse durch einen extra-breiten Einzelreifen ersetzt. Im Prinzip nimmt der Einzelreifen weniger Walkarbeit auf als der Zwilling und ermöglicht so einen geringeren Rollwiderstand[1]. Außerdem bieten Superbreitreifen eine Gewichtsersparnis gegenüber der Zwillingsbereifung. Für Verteilerverkehre eignen sich Superbreitreifen nicht, da Superbreitreifen bei Kurvenfahrt stärker leiden.

Geländereifen sind sehr widerstandsfähige grobstollige Reifen. Der Reifen muss robust sein gegen Beschädigungen an der Lauffläche und der Reifenflanke, die durch Steine und Geröll verursacht werden. Ein grobes Profil verhindert, dass sich das Reifenprofil im Gelände zu schnell mit Schmutz und Dreck zusetzt.

Winterreifen legen besonderen Schwerpunkt darauf, bei niedriger Temperatur gute Reibwerte anzubieten, und gute Fahr- und Bremseigenschaften auf Schnee und Eis zu realisieren. Winterreifen für Lkw haben in der Regel viele kleinere Profilklötze. Dadurch entsteht beim Abrollen des Reifens eine Bewegung des Profils, die zu einer Selbstreinigung der Profilzwischenräume führt. In die Profilklötze der Winterreifen sind kleine Lamellen eingeschnitten. Wenn sich die Profilklötze beim Anfahrvorgang verformen, öffnen sich die Lamellen und bilden eine Vielzahl von Griffkanten, die auf winterlichem Untergrund für erhöhte Traktion sorgen. Für den Einsatz von Winterreifen gibt es national unterschiedliche Vorschriften. In Deutschland gilt: Bei Kraftfahrzeugen ist die Ausrüstung an die Wetterverhältnisse anzupassen. In anderen Ländern ist Winterbereifung explizit vorgeschrieben.

Nahverkehrs- und Regionalreifen legen aufgrund der zahlreichen Brems- und Beschleunigungsvorgänge und wegen der häufigen Kurvenfahrt großen Wert auf Abriebfestigkeit.

Neben der Differenzierung der Einsatzgebiete, werden bei Nutzfahrzeugreifen auch spezifische Reifen für die verschiedenen Achsen unterschieden: Es gibt Reifen für gelenkte Achsen, für die Antriebsachse(n) und Reifen für den Trailer oder Anhänger.

Reifen für die Lenkachse und die Trailerachsen weisen in der Regel ein Profil mit starker Längsorientierung auf, verglichen mit Reifen für die Antriebsachsen. Daher ist in der Regel der Rollwiderstand von Antriebsreifen etwas höher als der Rollwiderstand der Lenkachs- und Trailerreifen.

Abb. 7.4 zeigt den Versuch der Segmentierung der verschiedenen Reifeneinsatzgebiete für Lastkraftwagen.

---

[1] Faktisch sind die Stückzahlen des Superbreitreifens so gering, dass die theoretischen Potentiale dieses Reifentyps in der Reifenentwicklung nicht ausgereizt werden können.

Härte des Einsatzes

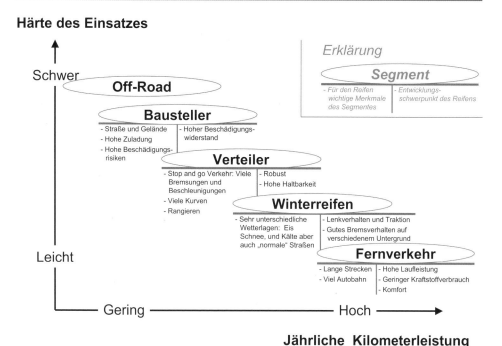

Abb. 7.4 Verschiedene Reifenklassen und ihre Einsatzgebiete

Die Entwicklung eines Reifens beim Hersteller, aber auch die Auswahl des Reifens durch den Kunden, erfolgt im Spannungsfeld von Wirtschaftlichkeit, Fahrsicherheit, Komfort und Umweltverträglichkeit. Unter diesen Überbegriffen lassen sich zahlreiche Reifeneigenschaften gruppieren, die bei der Entwicklung und bei der Auswahl des richtigen Reifens zu bedenken sind. In Abb. 7.5 sind die Zieldimensionen bei der Entwicklung und der Auswahl eines Reifens gezeigt.

Insbesondere steht die Anforderung eines niedrigen Rollwiderstandes üblicherweise in einem Zielkonflikt zu den Anforderungen Traktion, hohe Laufleistung und geringe Geräuschemission.

Um die gewünschten Reifeneigenschaften darzustellen, kann der Reifenhersteller an verschiedenen Punkten den Reifen verändern: Er kann die Zusammensetzung des Gummis, die sogenannte Mischung, optimieren; er kann die Form des Profils variieren und er kann den inneren Aufbau des Reifens, die Karkasse, so gestalten, dass sich das gewünschte Verhalten des Reifens ergibt.

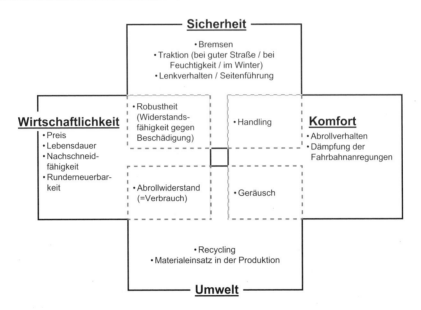

Abb. 7.5 Verschiedene Anforderungen an Reifen

7.3   Kennzeichnung eines Reifens

Die in Abb. 7.6 dargestellten Angaben kennzeichnen einen Reifen:

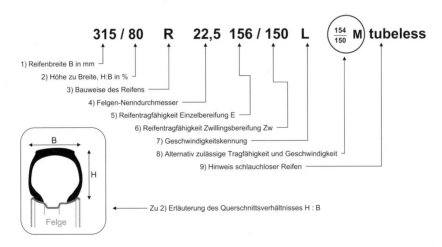

Abb. 7.6 Die wichtigsten Angaben auf einem Reifen

Tab. 7.1 Tragfähigkeitsindex für Nutzfahrzeugreifen

Index	147	148	149	150	151	152	153	154	155	156
Tragfähigkeit (kg pro Reifen)	3075	3150	3250	3350	3450	3550	3650	3750	3875	4000

1. Die Breite des Reifens wird in Millimeter angegeben. Bei älteren Formaten findet man auch noch Reifenformate in Zoll. Ein Reifen mit der Bezeichnung 12 R 22,5 ist 12 Zoll breit.
2. Anschließend wird das Verhältnis von Flankenhöhe des Reifens zur Breite des Reifens, das sogenannte Querschnittsverhältnis, angegeben. Ein Verhältnis von 80 bedeutet, dass die Höhe des Reifens 80 % seiner Breite ausmacht.
3. Ein Buchstabe gibt Auskunft über die Bauweise des Reifens: R steht für Radial, keine Angabe bedeutet Diagonalreifen. Im Lkw-Einsatz dominiert der Radial-Reifen.
4. Der Nenndurchmesser der Felge wird kodiert in Zoll angegeben (1 Zoll/1 inch entspricht 2,54 cm).
5. Eine Indexzahl gibt an, wie groß die Tragfähigkeit des Reifens ist. Tab. 7.1 erklärt die Bedeutung der Indexzahlen.
6. In Zwillingsanordnung ist die Tragfähigkeit eines Reifens geringer, daher gibt es eine zweite Indexzahl, die die Tragfähigkeit des Reifens bei Zwillingsbereifung beschreibt.
7. Ein Buchstabe gibt die Geschwindigkeit an, für die der Reifen freigegeben ist. Die Geschwindigkeitsangabe folgt dem Schlüssel nach Tab. 7.2.
8. Eine zweite Tragfähigkeitsangabe des Reifens mit einer anderen Geschwindigkeitsfreigabe kann auf dem Reifen angegeben sein.
9. Auf dem Reifen ist angegeben, ob es sich um einen schlauchlosen Reifen handelt (tubeless) oder um einen Reifen, der mit Schlauch zu verwenden ist (tube type).

Weitere Informationen lassen sich üblicherweise auf einem Reifen finden:

- Der Herstellername und die Bezeichnung des speziellen Reifentyps.
- Eine Kennzeichnung des empfohlenen Einsatzbereiches: Zum Beispiel „Regional", oder eine Kennzeichnung mit $M + S$ oder durch eine Schneeflocke, um zu signalisieren, dass der Hersteller den Reifen für den Wintereinsatz empfiehlt.
- Das Ply-Rating („ply", für Lagen) ist ein Maßangabe für die Festigkeit des Reifenunterbaus. Es gibt eine Angabe für die Lauffläche („tread") und für die Seitenwand („sidewall"). Historisch beschreibt die Zahl, aus wie vielen Lagen („ply", = Lagen)

Tab. 7.2 Geschwindigkeitsfreigabe für Nutzfahrzeugreifen

Buchstabe	F	G	J	K	L	M	N	P	Q	R
Geschwindigkeit (km/h)	80	90	100	110	120	130	140	150	160	170

Tab. 7.3 Umrechnung von Pounds (lbs) und psi in SI Einheiten

			SI-Einheit
1 lb	1 pound	$= 453{,}59237\,\mathrm{g}$	$= 0{,}45359237\,\mathrm{kg}$
1 psi	poundforce/square-inch	$1\,\mathrm{psi} = \frac{0{,}45359237\,\mathrm{kg}\cdot 0{,}980665\,\mathrm{m/s^2}\,\text{a}}{0{,}0254\,\mathrm{m}\cdot 0{,}254\,\mathrm{m}}$	$6{,}8948 \cdot 10^3\,\mathrm{Pa}$

[a] Die Umrechnung von psi auf SI-Einheiten erfolgt mit einem Wert von $9{,}80665\,\frac{\mathrm{m}}{\mathrm{s^2}}$ für die Erdbe-
schleunigung.

der Unterbau aufgebaut wurde. Moderne Werkstoffe erreichen höhere Festigkeiten, so
dass das Ply-Rating nicht mehr eine tatsächliche Anzahl beschreibt.

- Die Tragfähigkeit des Reifens nach US-Norm in Pounds (lbs) und der maximale Füll-
  druck in psi ist auf dem Reifen ersichtlich. Tab. 7.3 hilft bei der Umrechnung in SI-
  Einheiten.
- Die DOT-Kennung (DOT steht für das amerikanische Department of Transport) gibt
  Aufschluss über den Herstellzeitpunkt eines Reifens. Die letzten vier Ziffern bezeich-
  nen Produktionswoche und Jahr der Herstellung. Lauten die letzten vier Ziffern zum
  Beispiel 0709 ist der Reifen in der 7. Woche des Jahres 2009 hergestellt worden. In
  den anderen Zeichen der DOT-Nummer wird die Reifenfabrik, die Reifengröße und
  der Reifentyp herstellerspezifisch verschlüsselt.

Ausführliche Regelungen zur Kennzeichnung von Reifen für Nutzfahrzeuge finden
sich in [12].

7.3.1 Reifen nachschneiden

Es gibt vom Reifenhersteller festgelegte Reifen, die nachschneidbar sind. Diese sind nach
[12] mit der Kennzeichnung **Regroovable** versehen. Beim Nachschneiden wird bei einem
abgefahrenen Reifen in das Gummi zwischen Stahlgürtel und Profilgrund eingeschnitten,
um das (abgefahrene) Profil zu vertiefen und die Nutzungsleistung des Reifens zu verlän-
gern. Durch das Nachschneiden wird die Grundstärke des Gummis über dem Stahlgürtel
reduziert. Beim Nachschneiden muss eine mindestens 2 mm dicke Gummischicht über
dem Stahlgürtel erhalten bleiben. Nachschneiden muss durch qualifiziertes Fachpersonal
erfolgen.

7.4 Reifenluftdruck

Zu niedriger Luftdruck im Reifen führt zu wirtschaftlichem Schaden beim Spediteur: Der zu geringe Luftdruck führt zu erhöhter Walkarbeit im Reifen. Die erhöhte Walkarbeit bedeutet höheren Rollwiderstand und erhöht den Verbrauch. Außerdem ergibt sich bei erhöhter Walkarbeit ein erhöhter Abrieb. Das heißt im Umkehrschluss: Bei korrektem Luftdruck verschleißen die Reifen langsamer.

Korrekter Luftdruck ist aber auch ein Sicherheitsaspekt: Die Gefahr eines Reifenplatzers ist bei richtigem Luftdruck geringer. Denn die erhöhte Walkarbeit bei zu niedrigem Luftdruck wird in Wärmeenergie umgesetzt; der zu niedrig befüllte Reifen erwärmt sich stärker. Diese Wärmebelastung schädigt den Reifen und kann zum Reifenplatzer führen. Der Reifenplatzer ist für den Spediteur auch ein wirtschaftliches Ärgernis: Der Ersatz des kaputten Reifens schlägt ins Geld, der Fahrer und das Fahrzeug verbringen unproduktive Zeit und der Kunde wird eventuell unzufrieden sein ob der verspäteten Lieferung.

Die Einstellung des richtigen Luftdrucks erfolgt bei den meisten Speditionen zweckmäßigerweise auf dem Speditionshof. Unterwegs ist für den Fahrer das Einstellen des korrekten Luftdrucks häufig schwierig: Nicht jede Tankstelle hat eine für Lastkraftwagen geeignete Anlage zur Reifenbefüllung. Darüber hinaus muss die Luftdruckkontrolle bei kaltem Reifen erfolgen, da sich die Angaben des Reifenherstellers für den korrekten Reifendruck auf kalte Reifen beziehen. Der Fahrer, der zum Tanken an die Tankstelle fährt, kommt aber mit betriebswarmen Reifen zur Befüllstation. Daher wird beim Luftdruckcheck an der Tankstelle tendenziell zu wenig Luft eingefüllt. Viele Lkws haben einen Reifenfüllschlauch im Bordwerkzeug. Damit kann der Fahrer Luft aus dem Luftdrucksystem des Fahrzeugs nutzen, um den Reifen zu befüllen. Um den tatsächlich eingefüllten Luftdruck zu messen, benötigt der Fahrer des Weiteren ein Manometer. Eine bequemere Methode den Reifenluftdruck zu kontrollieren, bietet ein Reifendruckluftkontrollsystem im Fahrzeug. Dieses System überwacht auch den Reifenluftdruck während der Fahrt.

7.4.1 Reifendruck-Kontrollsystem

Beim direkt messenden Reifendruckkontrollsystem (TPMS = Tyre Pressure Monitoring System) wird direkt der Reifendruck gemessen. Dazu hat jeder Reifen eine sogenannte Radelektronik oder einen Radsensor. Dieser beinhaltet einen Drucksensor und weitere Funktionen, wie Sendeantenne, Logik und Beschleunigungssensor.

Es gibt mehrere Methoden die Radelektronik im Reifen zu platzieren: Man kann sie von innen in den Reifen kleben (Innenfläche der Lauffläche) zusammen mit dem Ventil innen an der Felge verschrauben oder mit einem Spannband, das um den Felgenumfang läuft, im Felgenbett befestigen. Für zukünftige Entwicklungsschritte wird geprüft, die Radelektronik in das Reifengummi einzuvulkanisieren. Es gibt auch Systeme, bei denen die Radelektronik außerhalb des Reifen positioniert ist und an den Radmuttern sitzt, die das Rad halten. Bei diesem System führt ein Schlauch oder Röhrchen zum Lufteinfüllstutzen des Reifens, um den Reifendruck an den Sensor zu übertragen. Die Radelektronik dreht sich in allen Fällen mit dem Rad mit. Daher ist eine Funkverbindung zwischen Radelektronik und Fahrzeug erforderlich.

Die Radelektronik misst den Reifenluftdruck und die Temperatur und übermittelt diese zusammen mit einer ID an eine fahrzeugfeste Antenne. In einem Steuergerät werden die Raddaten aufbereitet und an das Instrument des Fahrzeugs oder ein separates Display gesendet, um dem Fahrer die Informationen über den Reifenluftdruck zur Verfügung zu stellen.

Die Radelektronik verfügt als Energiequelle über eine Batterie. Um diese Batterie zu schonen, schaltet die Elektronik bei Fahrzeugstillstand in einen Ruhemodus; eine fortwährende Bestimmung des Reifendrucks und eine Funkübertragung der Daten ist im Stillstand nicht erforderlich. Der Beschleunigungssensor der Radelektronik erkennt den Bewegungszustand des Fahrzeugs. und aktiviert Luftdruck-Messung und Funkübertragung, wenn das Fahrzeug fährt.

7.4.1.1 Lokalisierung der Radelektronik

Um dem Fahrer zielgenau anzeigen zu können, welcher Reifen zu wenig Luft beinhaltet, muss das Reifendruckkontrollsystem die verschiedenen Radelektroniken (die eine ID mitsenden) den verschiedenen Reifenpositionen zuordnen können. In einfachen Systemen muss die Zuordnung der Radelektronik-ID auf die Reifenpositionen per Hand vorgenommen werden. Bei komfortablen Systemen kann das System automatisch die verschiedenen Radelektroniken ihren Einbaupositionen zuordnen.

Lokalisierung der Radelektronik durch Signalpegelvergleich

Ein technisches Konzept, die Zuordnung der Sensorsignale auf die Reifenpositionen zu bewerkstelligen, ist das Folgende: Es werden mehrere Antennen am Fahrzeug positioniert. Alle Antennen empfangen die Signale aller Radsensoren; allerdings mit unterschiedlicher Signalstärke. Aus den unterschiedlichen Signalpegeln an den verschiedenen Antennen des Systems kann die Logik des Steuergeräts ermitteln, welcher Rad-Sensor an welcher Rad-Position des Fahrzeugs sitzt. Je mehr Achsen und Reifen ein Fahrzeug aufweist, desto mehr Antennen sind erforderlich, um die Zuordnung sicher durchzuführen.

Die Auflösung der Position über die Signalstärke der Radelektroniken ist nicht ausreichend, um bei Zwillingsreifen die beiden Räder zu unterscheiden. Allerdings kann man sich bei Zwillingsreifen zunutze machen, dass die Felgen um 180° gegeneinander verdreht verbaut sind. Wenn die Einbauposition des Sensors relativ zur Felge fix ist (beispielsweise durch die Montage der Radelektronik am Ventil) sehen die Radsensoren eines Zwillingspaares unterschiedliche Rotationsrichtungen. Wenn die Radsensoren durch eine zweidimensionale Beschleunigungsmessung die Rotationsrichtung erkennen können, kann das Reifendruckkontrollsystem die Sensorsignale aus den beiden Reifen einer Zwillingsbereifung dem jeweils richtigen Reifen zuordnen.

Lokalisierung der Radelektronik durch Abgleich mit Raddrehsignalen

Eine weitere Technologie, um die Signale, die das Steuergerät aus den Radelektroniken empfängt, den entsprechenden Radpositionen zuzuordnen, beruht auf einem Vergleich von Rotationsmustern: Anhand der Beschleunigungssensoren der Radelektroniken kann jede Radelektronik signalisieren, wann eine volle Umdrehung des Rades erfolgt ist. Das Bremssystem erhält über ABS-Sensor und Polrad ebenfalls fortwährend Informationen über die Raddrehungen. Da sich jedes Rad mit einer leicht unterschiedlichen Raddrehzahl dreht, kann man über den Abgleich der Umdrehungsinformation aus Radelektronik und Bremssystem feststellen, welche Radelektronik an welcher Radposition sitzt. Auch hier gilt wieder, dass die beiden Reifen eines Zwillingspaares über diese Technologie nicht unterschieden werden können. Hier macht man sich wiederum die Drehrichtungsinformation zunutze.

Verständnisfragen

Die Verständnisfragen dienen dazu, den Wissensstand zu überprüfen. Die Antworten auf die Fragen finden sich in den Abschnitten, auf die sich die jeweilige Frage bezieht. Sollte die Beantwortung der Fragen schwer fallen, so wird die Wiederholung der entsprechenden Abschnitte empfohlen.

A.1 Federung
(a) Was sind die Unterschiede zwischen Luftfederung und Stahlfederung?
(b) Welche Funktionen ermöglicht die Luftfederung?

A.2 Lenkung
(a) Was ist die Achsschenkellenkung?
(b) Wo wird die Drehschemellenkung verwendet?
(c) Welche Bauteile stellen die Verbindung zwischen Lenkrad und Rad her?
(d) Wie werden Zweikreislenkungen realisiert? (Zwei Antworten)

A.3 Ackermann-Bedingung
(a) Was besagt die Ackermann-Bedingung?
(b) Wie behandelt man ein Achstandem in der Ackermann-Betrachtung?
(c) Kann die Ackermann-Bedingung erfüllt werden?

A.4 Rahmen
(a) Was ist der Leiterrahmen?
(b) Welche Abmessungen bestimmen den Längsträger des Leiterrahmens?
(c) Was ist das Lochbild?

A.5 Achsen
(a) Welche verschiedenen Funktionen übernimmt die Achse?
(b) Was ist eine zweistufige Achse?
(c) Wozu braucht man eine Durchtriebsachse?
(d) Welche Vorteile bietet die Portalachse?

© Springer Fachmedien Wiesbaden 2016
M. Hilgers, *Chassis und Achsen*, Nutzfahrzeugtechnik lernen,
DOI 10.1007/978-3-658-12747-3

A.6 Achsgetriebe

(a) Was ist die Aufgabe des Mittentriebs?

(b) Was macht das Differential?

A.7 Reifen

(a) Welche Arten von Reifen gibt es?

(b) Wie kann man dem Reifen ein zweites (drittes) „Leben", bescheren?

(c) Was bedeutet 315/80 R22,5?

A.8 Reifendruckkontrolle

(a) Welche Größen sensiert die Radelektronik des Reifendruckkontrollsystems?

(b) Wie funktioniert eine vollautomatische Zuordnung der Signale der Radelektroniken auf die Reifenpositionen?

(c) Wie unterscheidet dieses System die Signale der beiden Zwillingsreifen?

A.9 Begriffe

Erläutern Sie die Begriffe:

(a) Hypoidversatz,

(b) Nabengetriebe,

(c) Tellerrad.

Abkürzungen und Symbole

Im Folgenden werden die in diesem Heft benutzten Abkürzungen aufgeführt. Die Zuordnung der Buchstaben zu den physikalischen Größen entspricht der in den Ingenieur- und Naturwissenschaften üblichen Verwendung.

Der gleiche Buchstabe kann kontextabhängig unterschiedliche Bedeutungen haben. Beispielsweise ist das kleine c ein vielbeschäftigter Buchstabe. Zum Teil sind Kürzel und Symbole indiziert, um Verwechslungen auszuschließen und die Lesbarkeit von Formeln etc. zu verbessern.

Kleine lateinische Buchstaben

a	Beschleunigung
b	Längenmaß, häufig Breite
bar	bar, Maßeinheit des Druckes – 1 bar $= 10^5$ Pa
c	Beiwert, Proportionalitätskonstante
f	Beiwert oder Korrekturfaktor
g	Erdbeschleunigung ($g = 9{,}81$ m/s^2)
g	Gramm, Einheit für die Masse
h	Längenmaß, häufig Höhe
h	Stunde, Einheit der Zeit
i	Übersetzung, Verhältnis von Drehzahlen
k	kilo $= 10^3 =$ das tausendfache
kg	Kilogramm, Einheit für die Masse
km	Kilometer, Einheit für die Länge – 1 km $= 1000$ m
km/h	Kilometer pro Stunde, Einheit für die Geschwindigkeit – 100 km/h $= 27{,}78$ m/s
kW	Kilowatt, Einheit für die Leistung – 1 kW $= 1000$ Watt
kWh	Kilowattstunde, Einheit für die Energie
l	Länge
m	Masse
m	Meter, Einheit der Länge
m	milli $= 10^{-3} =$ ein Tausendstel
mm	Millimeter, Einheit der Länge – 1 mm $= 10^{-3}$ m

mug	Muggaseggele, Einheit für Länge, Zeit, Gewicht und Volumen (schwäbische Einheit für ganz, ganz wenig; keine SI-Einheit)
n	Drehzahl
p	Druck
psi	poundforce per square inch, Einheit des Druckes (in USA üblich, keine SI-Einheit)
r	Längenmaß, häufig Radius, Halbmesser
s	Längenmaß (Strecke)
t	Zeit
t	Tonne, Einheit für die Masse – 1 t = 1000 kg
v	Geschwindigkeit
x	Typische Bezeichnung für eine der drei Raumkoordinatenachsen
y	Typische Bezeichnung für eine der drei Raumkoordinatenachsen
z	Typische Bezeichnung für eine der drei Raumkoordinatenachsen

Große lateinische Buchstaben

ABS	Antiblockersystem (Bremse)
ADAC	Allgemeiner Deutscher Automobil Club
ASR	Antischlupfregelung
BGL	Bundesverband Güterkraftverkehr, Logistik und Entsorgung e. V.
CAD	Computer-aided Design (engl.) = Rechnerunterstützte Konstruktion
DIN	Deutsches Institut für Normung
DNA	Doppelt bereifte Nachlaufachse
DOT	Department of Transport (engl.) = (Amerikanisches) Verkehrsministerium
ECE	Economic Commission for Europe (engl.) – Wirtschaftskommission für Europa der Vereinten Nationen
ENA	Einzelbereifte Nachlaufachse
ESP	Elektronisches Stabilitätsprogramm
F	Kraft
F_G	Gewichtskraft
GfK	Glaasfaser verstärkter Kunststoff
HAD	Hydraulic auxiliary drive (engl.) – Hydraulischer Zusatzantrieb
ID	Identifier = (engl.) Kennung, Identifikationsnummer o. ä.
J	Joule, Einheit der Energie
K	Kelvin, Einheit der Temperatur in der Kelvinskala
Kfz	Kraftfahrzeug
Lkw	Lastkraftwagen, das von dem wir hier reden :-)
M	Drehmoment
M	Mega = 10^6 = Million
MJ	Mega Joule, Einheit der Energie – Eine Million Joule
MW	Mega Watt, Einheit der Leistung – Eine Million Watt
N	Newton, Einheit der Kraft

NH_3 Ammoniak

Nfz   Nutzfahrzeug, das von dem wir hier reden :-)

NLA   Nachlaufachse

OEM   Fahrzeughersteller (engl.: Original Equipment Manufacturer)

P   Leistung

Pkw   Personenkraftwagen

PS   Pferdestärke, Einheit der Leistung (keine SI-Einheit) – $1\,PS = 735{,}5\,W$

RDK   Reifendruckkontrollsystem

SI   Steht für Internationales Einheitensystem

SZM   Sattelzugmaschine

T   Temperatur (in Kelvin oder °C)

TCO   Gesamtkosten die über die Nutzungsdauer des Fahrzeugs oder eines anderen Wirt-
       schaftsgutes anfallen (engl.: Total Cost of Ownership)

TPMS Tyre pressure monitoring system (engl.) – Reifendruckkontrollsystem (RDK)

TÜV   Technischer Überwachungsverein

U/Min Umdrehungen pro Minute; Winkelgeschwindigkeit

V   Volumen

V   Volt, Einheit der elektrischen Spannung

VLA   Vorlaufachse

W   Mechanische Arbeit bzw. mechanische Energie

W_{kin} Kinetische Energie (Bewegungsenergie)

W_{pot} Potentielle Energie (Lageenergie)

W   Watt, Einheit der Leistung

Wh   Watt Stunde, Einheit für die Energie – vgl. die gebräuchlichere kWh

Kleine griechische Buchstaben

α Winkel

β Winkel

γ Winkel

δ Winkel

μ Reibwert, manchmal auch μ_k Kraftschlussbeiwert

μ steht für Mikro $= 10^{-6} =$ Millionstel

ρ Dichte

ϕ Winkel

ω Winkelgeschwindigkeit

ω Drehzahl

Literatur

1. ECE-R 93 Regelung Nr. 93. Einheitliche Bedingungen für die Genehmigung von: I. Einrichtungen für den vorderen Unterfahrschutz II. Fahrzeugen hinsichtlich des Anbaus einer Einrichtung eines genehmigten Typs für den vorderen Unterfahrschutz III. Fahrzeugen hinsichtlich ihres vorderen Unterfahrschutzes

2. ECE-R 79 Übereinkommen über die Annahme einheitlicher Vorschriften für Radfahrzeuge, Ausrüstungsgegenstände und Teile, die in Radfahrzeuge(n) eingebaut und/oder verwendet werden können, und ... Regelung Nr. 79, Revision 2, Einheitliche Bedingungen für die Genehmigung der Fahrzeuge hinsichtlich der Lenkanlage

3. Hesse, K.H., Becher, H.O., Sieber, A.: Fahrwerkregelung in Nutzfahrzeugen. Nutzfahrzeuge, Mannheim, Juni 1997. VDI-Berichte, Bd. 1341. (1997)

4. Kaiserliches Patentamt Berlin: Patentschrift No 37435, Fahrzeug mit Gasmotorenbetrieb (1886). an Benz & Co in Mannheim

5. Dudzinski, P.: Lenksysteme für Nutzfahrzeuge. Springer, Berlin Heidelberg (2005)

6. Degerman, P., Anund, O.A.: Friction estimation using self-aligning torque for heavy trucks. Chassis.tech, 2nd International Munich Chassis Symposium, Munich, Germany, 7 and 8 June 2011. (2011)

7. Nissan Center Europe GmbH: Nissan Atleon (2010). Produktbroschüre – Stand September 2010

8. Gaedke, A., et al.: Driver assistance for trucks – from lane keeping assistance to smart truck maneuvering. Chassis.tech, 6th International Munich Chassis Symposium. Springer Vieweg, Berlin Heidelberg New York (2015). Proceedings herausgegeben von Pfeffer P

9. Hilgers, M.: Nutzfahrzeugtechnik lernen – Gesamtfahrzeug. Springer Vieweg, Berlin/Heidelberg/New York (2016)

10. Hilgers, M.: Nutzfahrzeugtechnik lernen – Getriebe und Antriebsstrangauslegung. Springer Vieweg, Berlin/Heidelberg/New York (2016)

11. Bundesverband Güterkraftverkehr Logistik und Entsorgung (BGL) e.V.: Kostenentwicklung im Güterkraftverkehr – Einsatz im Fernbereich – von Januar 2007 bis Januar 2008 (2008)

12. ECE Regelung No. 54: Einheitliche Bedingungen für die Genehmigung der Luftreifen für Nutzfahrzeuge und ihre Anhänger (2003)

13. Continental: Lkw-Reifen: Die technischen Grundlagen (2006). Druckschrift – im Internet zum Download verfügbar

14. o. A.: Das zweite Gesicht. Lastauto Omnibus **4**, 34 (2011). Artikel über Runderneuerung bei Lkw-Reifen

15. ADAC TruckService: Pannenstatistik: Die häufigsten Ursachen von LKW-Pannen (2013). Veröffentlichungen des ADAC (2008–2013). http://www.adac.de

16. Frick, P.: MAN HydroDrive – Serienerfahrungen. Getriebe in Fahrzeugen 2006. VDI-Berichte, Bd. 1943. (2006)

Sachverzeichnis